翻转课堂模式下的
量子力学教学探索

Flipped Classroom Practices on Quantum Mechanics

马春旺 魏慧玲 曹俊杰 赵兴东 付召明 编著

上海交通大学出版社
SHANGHAI JIAO TONG UNIVERSITY PRESS

内容提要

本书根据当前一流课程建设理念,以"学生中心"为宗旨,将翻转课堂教学方法应用于量子力学的课程教学中,并讨论在翻转课堂教学中学生与教师应该做的转变和方法实践建议,同时探讨培养学生创造力的"问题式"教学方法,并以量子力学现有教材为基础,给出课前引导式问题。本书可供量子力学课程相关师生参考,也可供高校课程改革相关者参考。

图书在版编目(CIP)数据

翻转课堂模式下的量子力学教学探索/马春旺等编著.—上海:上海交通大学出版社,2020
ISBN 978 - 7 - 313 - 23340 - 0

Ⅰ.①翻…　Ⅱ.①马…　Ⅲ.①量子力学－课堂教学－教学研究－高等学校
Ⅳ.①O413.1 - 42

中国版本图书馆 CIP 数据核字(2020)第 096870 号

翻转课堂模式下的量子力学教学探索
FANZHUAN KETANG MOSHI XIA DE LIANGZILIXUE JIAOXUE TANSUO

编　著:马春旺　魏慧玲　曹俊杰　赵兴东　付召明			
出版发行:上海交通大学出版社		地　址:上海市番禺路 951 号
邮政编码:200030		电　话:021-64071208
印　制:上海新艺印刷有限公司		经　销:全国新华书店
开　本:710mm×1000mm　1/16		印　张:7.75
字　数:114 千字		
版　次:2020 年 7 月第 1 版		印　次:2020 年 7 月第 1 次印刷
书　号:ISBN 978 - 7 - 313 - 23340 - 0		
定　价:48.00 元		

序

四月,春风和畅。马春旺先生发来书稿,嘱我从学长和管理者的角度写个序。著者抬爱,不免心中惴惴,然念及育人之道近、惠人之意同,遂不揣浅陋,欣然从命。

近年来,信息技术的进步和教育理念的革新对传统教育产生了巨大影响,作为一种新的教学模式,翻转课堂既是对传统课堂的一种颠覆,也是对大学传统课堂教学的挑战。信息技术支撑下的以学生为中心的教育教学方式,使得课堂内外相结合,结果性评价与过程性评价相结合,加强了师生之间、生生之间的互动,提升了学生的学习意识和学习自觉。因此,基于人才培养的高校教育改革首先要改革课堂教学模式,实现教学过程思维上的根本转型,教学思维从"先教后学"转向"先学后教",教学过程从"先导后学"转向"先学后导",教学策略从"先研后学"转向"先学后研"。

该书关注学习方法和教学方式的转变,依托物理问题的学习和教学,探索以学生为学习中心的翻转课堂方法,两者结合,甚为巧妙。一方面,摒除了传统的讲授式、传递式教学范式下的以教师为中心之弊端,课堂目标明确指向学生的"学",使得学生能够自己去建构知识;另一方面,突出了课程教学中教师的教学理念和方法,使得学生能够在学习量子力学的同时,提升自主学习能力和合作探究能力。

1987年,我于河南师范大学物理学院毕业后,一直从事物理教学和学校管理工作。这期间,我关注和思考最多的就是教师的专业发展问题。教育是生命对生命的影响,教师的教学理念和方式很大程度来自他们读书时所获得的经验,也必定会影响到他们的学生。教师的学科素养决定了学生发展的高度,可以说,有什么样的思维就有什么样的课堂,有什么样的老师就会有什么样的学生。因此,通过翻转课堂模式下的课程学习来提升学生的学习能力,培养师范生的学科思维和教育理念,能够提高师范生的教学技能,助力我国基础教育改革发展和人才培养。

该书编著者精研善思,学术积淀深厚,在教育领域甚有建树,且多年从事大学物理教学,勤育桃李,成果灼灼。此书既是对教师和师范专业学生的教学与指导,也是从"教师讲授"模式向"学生中心"模式转变的成功探索,数载心血即将付梓,我为此感到高兴。

是为序。

2020 年 4 月

河南省淮滨高级中学校长

教育部全国中小学领航校长

前　　言

　　教育部实施的以"一流专业"和"一流课程"为目标的"双万计划"高校专业建设和人才培养改革与重塑是我国新时期高等教育的重要发展战略。无论是一流专业还是一流课程,以及目前正在如火如荼开展的各类高校专业认证,都围绕高校培养人才的重要抓手——教师、课程和管理,采用"学生中心、产出导向、持续改进"理念展开。以学生发展为中心,瞄准培养目标改革提升,建设持续改进的人才培养和教育教学模式,将成为未来高校教育改革的主题。

　　以学生为中心进行教学改革,一方面对教师的教学模式提出了新的挑战,另一方面对学生的学习方式与方法也提出了挑战。围绕"学生中心"理念,教师在设计教学策略时,需要更多地考虑"如何通过课程学习使学生在学习过程中发挥学习主体地位"这一问题,从而变革自己的教学模式。相对应地,学生在学习时也要发挥主观能动性,根据教师实施的"学生中心"教学模式变化,积极改变自己的学习模式和方法,避免在学习过程中成为单纯的知识接受者。

　　现代化教育技术和便捷的网络技术为课程改革提供了优秀的管理工具,也使原来设想而不可能实现的"即时交互"和"随时掌握"教学成为可能。近年来,以"雨课堂""学习通"等为代表的课堂交互工具使教师可以在教学过程中非常方便地进行与每一位学习者的互动,从而能及时掌握学生的学习状态。这些网络交互手段打破了师生之间交流的时间和空间限制,大幅提高了教师在课堂内外与学生的交流效率。更进一步地,通过教学大数据的使用和分析,教师可以更加精细和深入地了解每一位学习者的学习水平。随着这些教学信息化管理工具更加广泛地应用于课堂教学,每一位学习者都将深度融入学习过程。可以说,"学生中心"教学模式的改革与发展已经随着网络技术和课堂辅助工具的发展进入了快车道。

慕课和翻转课堂在大学课堂教学中的应用方兴未艾。通过慕课,学习者可以随时随地获取优质学习资源。大学生通过慕课向国内甚至国际名师、大家学习和研讨已逐渐开始流行,并正在形成一种新式的学习潮流。翻转课堂在教学中的应用,使原本沉寂无声的课堂成了思想碰撞的场所。在课堂上,学习的场面热烈起来了,学习者的眼神锐利起来了,新知和创新也随着生生互动、师生互动的高效讨论和辩论孕育而生,这使大学教学悄悄地从知识传承向知识创造发生转变。可以预见的是,随着"双万计划"建设的不断推进和深入,我国的高等教育人才培养水平必将再上新的台阶。

周世勋老师原著的《量子力学教程》是国内大学物理师范专业教学中广泛采用的一本教材,由于其具有简明扼要、叙述清楚的特色,几十年来深受师范生的喜爱。对师范生来说,通过对量子力学课程的学习,不但要扎实地掌握量子力学知识和理论系统,还需要通过课程学习形成批判思维精神和更高的学习能力。在一流课程的建设中,我们基于这本教材,依托物理问题学习(Physics Problem Based Learning)方法和同伴教学法,实施了教学方法改革,并多次开展了以学生为学习中心的翻转课堂方法探索。为了使教学改革真正产生效果,我们对课程教学中的教师教学理念和角色转变、学生学习角色转变、学习能力提升、学习行为管理和课程管理等多个方面进行了一定的探索。本书将呈现在量子力学课程教学改革中的相关内容,可以作为量子力学教学的学习参考和指导用书。

本书共分两个部分,第一章至第四章介绍了在量子力学课程改革中所采用的部分教学理念和方法,主要讨论在"学生中心"教学模式下的教师教学和学生学习模式的转变、翻转课堂与同伴学习、学生提问与质疑能力培养以及课堂交流能力培养等方面的内容。第五章列出在量子力学课程教学中编制的课前引导问题,供教师和学生在教学中参考。书中尽可能结合学生的学习状况详细地展示课程改革中的一些细节,但并不试图提出新的学习模式,希望对类似课程的教学改进发展提供参考。

在本书的编写过程中,河南师范大学侯新杰教授就教学改革理念给予了具体细致的指导。淮滨高中李明校长在本书的编写过程中给予了许多鼓励和支持,并多次与笔者交流和探讨师范生如何通过课程学习提高学习能力和教学技能。我们衷心感谢侯新杰教授和李明校长! 同时,还要感谢河南师范大学物理学院对量子力学课程教学改革的支持,感谢参加学习的学生提出各种建议,并感谢河南师范大学教务处对教学改革的支持。本书是对课程改革的探索,相关讨论存在的不当之处,敬请读者指正。

马春旺

2020 年 4 月于牧野湖畔

目　　录

第1章

"学生中心"教学模式的转变

    毫无疑问,在当前的高等教育和课程教学改革交流讨论中,"学生中心"是最流行的用语之一。无论是国家所实施的"双万计划"对一流专业和一流课程建设的要求,还是如今正如火如荼开展的各类专业认证对专业建设和发展的要求,都是落实新时代高等教育人才改革"以本为本,四个回归"任务的重要制度保障。随着高校专业人才培养改革和课程改革的深入推进,"学生中心、产出导向、持续改进"的高校专业建设和课程改革理念必将深入人心,高等教育接受者将能切实地感受到高等教育改革带来的红利。

    在以"学生学习中心"(以下简称"学生中心")的教学模式改革中,毫无疑问,政策导向、教师理念转变、学生学习方式转变、教育技术手段都会发挥重要的作用。在现代化教育技术的支撑下,如慕课的引入和推广、以"雨课堂"和"学习通"等为代表的课堂信息化技术的大范围使用,使教师能够轻易地将以"讲授为中心"的课堂变为以"学习者学习为中心"的课堂,使学生在课堂上切实地发挥学习主体地位的作用。在课堂上,学生的知识创新和思维碰撞将成为教学常态。可以说,以教师讲授为主的保守教学方法正在变成课堂教学的"过去时"。因此,在高等教育教学新的改革形势下,无论是政策的要求和号召,还是信息技术所推动的学习革命,都要求教师和学生尽快熟悉和掌握新的教学和学习方式,为实施课程教学改革做好充分准备。

    将熟悉的"教师讲授"课堂教学模式转变为"学生中心"的教学模式,教师和学生双方毫无疑问地都会碰到新的问题,遇到新的困境。尤其对于教学经验丰富的教师,他们已经熟悉了自己的教学材料,形成了稳定的教学策略,部分教师甚至熟悉到无需再备课即可开展教学的程度。而对于学生来说,已经熟悉了那种"准时踏入课堂,坐下来听讲,做作业和完成考试获得成绩"的学习模式,不需要付出许多新式的努力即可完成对自己的培养,还有必要花费力气折腾自己的学习吗?

高等教育正经历着从传统的比较单纯的知识和技能学习向培养终身学习能力的转变。而围绕学习能力培养所实施的从"教师讲授"模式向"学生中心"模式的教学转变正是对这一转变在教育实践上的呼应。课堂教学的承担责任主体从教师转向学生,这不但把教师的教学定位从讲授者变成引导者,更重要的是使学生从知识接受者变成主动学习者,学生的学习定位发生了重要变化!课程教学中一系列学习行为将围绕着学习的主体——学生而发生。学生需要积极主动地融入学习过程,从教学中的配角变成主角;教师从主控教学变成指导学生的学习流程,从主讲变成主导。在转变过程中,教学方式、学习方式、教学内容、教学管理等出现的一系列新问题,为教师和学生共同带来新的挑战。教师要重新学习和掌握新的教学方式与策略,更新迭代教学内容,设计新的课程实施模式。学生要通过参加各种课程教学活动,在加强知识和技能学习的同时,不断加强对自己学习能力的培养。在"学生中心"模式变革的初期(指课程中开始采用"学生中心"模式的初期),这一系列新问题需要教师和学生共同努力解决。

教育部高教司吴岩司长在谈到高校教学改革时,提出"教学改革改到深处是课程,改到痛处是教师,改到实处是教材"!后来,吴岩司长又对此补充到:"改到难处是校长"。话语中充分体现了教师、教材、管理对课程改革的重要性。下面我们将结合教师、学生、教学资料、教学流程管理和考核方式五个主要方面,来简要说明"学生中心"教学模式改革过程中可能出现的主要问题,并尝试结合我们所采用的一些方法给出参考建议。

1.1 "学生中心"模式下教师的转变

目前,大部分高校的课堂教学模式是教师围绕教材内容实施的课堂讲授模式,并以这种模式不断提高自身的课堂讲授能力。在这种模式下,教师占据主体地位,并负责对学生的课堂学习过程、学习状态、学习效果等进行全面把控。由于学生在学习过程中处于被动接受和知识吸纳地位,教师往往难以实现对学生学习效果的实时反馈和掌握。在教学质量的改进和提高方面,往往是围绕教师本人讲授能力的提高进行,很难瞄准提高学生的学习能力进行改进。但培养和提高学生学会学习的能力,恰恰是专业发展和人才培养的重要目标之一。

"学生中心"教学模式下,教师处于"导引者"的位置,承担"导学"角色。教师此时的作用主要是围绕"学生"学习主体,结合教学目标,制订教学策略,调动和导引学生的学习过程,为学生提供方向性的教学组织、指导和服务。与中学生相比,大学生具有更强的自学能力,也就是对教学材料和知识信息的处理加工能力。"学生中心"教学模式是大学生逐渐成为教学材料和知识信息处理加工主体的主要途径,在此过程中教师发挥引导和辅助作用,通过合理引导保障学生产生更好的学习效果。

我们把教师在"学生中心"教学模式下的角色定位为教学信息提供者、教学活动组织者、疑难关键导引者、学习过程记录者和学习过程评价者。在实际教学过程中,上述角色部分由参加学习的学生承担。教师和学生在学习过程中,尤其是研讨交流讨论中,将逐渐形成平等的教学对话角色。通过学生和教师的共同努力,课程教学将实现一流课程(即原来所说的金课)所要求的"两性一度"建设标准,即"高阶性、创新性和挑战度"的标准。

1) 教学信息提供者

教学所依托的主要资料是教材,但教材并不是唯一的教学资料。除了选用合适的教材以外,教学资料的形式和种类将变得更加丰富,慕课与微课、学术论文和著作、报刊和新闻资料、调研数据和结果、社会应用与评价等资料和信息将更广泛地引入教学,服务于教学目标的达成。但是在"学生中心"教学模式的初期,学生往往还不具备资料搜集能力,此时教师要承担材料搜集的任务,并逐步培养学生的材料搜集和分析能力。在学生逐渐适应学习主体角色后,教师可以逐渐减弱自己在信息提供中的作用,将这方面的任务转移到学生身上,由学生自主完成资料的搜集和调研。

2) 教学活动组织者

教师在"学生中心"教学模式下,承担组织教学活动的角色,其作用是让学生的学习在自主模式下更好地进行。教师需要对学生学习中的一些重要过程和关键环节进行合理的组织引导。在教学设计过程中,教师需要结合学生的学习能力和学习流程,有针对性地制订课前、课堂和课后学习活动,合理制订学习计划。在制订学习计划时,不但要考虑如何促进学生掌握知识,更重要的是要考虑如何促进学生形成综合学习的能力。

课前活动计划,包括但不限于学生在搜集和处理教学材料的过程中,对相关知识形成一定观念和认识的学习活动和学习安排。

课堂活动计划,包括但不限于课堂研讨、问题辨析、合作交流、展示评价等学生为学习而发生的活动和安排。

课后活动计划,包括但不限于理论分析、知识应用与开发、产品评价、产品开发、活动或事件评估、社会调研与分析、综合调查与分析等活动和安排。

尽管课前、课堂和课后活动是以学生为主体完成的,教师在整个过程中仍要发挥导引、管理和评价等教学角色的作用。

3) 疑难关键导引者

由于学生的知识、技能和经验储备程度不同,在自主学习模式下,学生会在不同的学习环节遇到困难。此时,教师应及时提供帮助和辅导。因此,"学生中心"的学习模式不是教师放手不管的"放任自流"模式。

对学生在学习过程中遇到的共性问题和疑难问题,教师应及时进行调研和分析,找出其产生原因,并在课堂教学中制订有效的教学策略来重点解决。在课堂教学中,教师应尽可能预判学生的疑难问题并做好应对方案。另外,由于在"学生中心"教学模式中,学生们的思维是发散的,学生的学习就像一场现场直播,课堂教学中往往会出现预料不到的新问题,对此教师也应有一定的应对措施。

在课堂教学中,对于学生学习的困难问题和关键问题,教师应及时予以引导解决,使教学活动能够顺利进展下去。尤其是在实施"学生中心"教学模式的初期,教师可能还需要不断干预和指导学生的学习过程,使学生逐渐形成自主学习能力。在学生逐渐熟悉教学模式后,教师可逐渐回归到导引学生学习的角色。

4) 学习过程记录者

"学生中心"教学模式下,教师需要对学生的学习过程进行有效记录,以切实评估学生是否真正发挥了学习主体作用。在对教学环节的管理中,教师需要不断地对学生学习的多个环节进行记录、分析、评价、总结、反馈和提高,并基于此创建多种教学环节和教学过程的学习信息库。教师和学生以教学信息库及其中包含的学习大数据为基础,可以有针对性地开展精准教学和精准学习。

在传统的教学过程中,几乎是不可能实现对教学环节的大数据存储、分析和使用的。教师在教学过程中只能照顾到班级中的部分或者大部分学生,少量学生的学习需求不可避免地会由于种种原因被忽视。

随着在线教育技术的发展,以"雨课堂"和"学习通"为代表的课堂管理工具的开发和使用,使学生的学习过程能够被快速记录,所产生的数据也可以得到实时分析。教师和学生应用这些工具,能够实现对课堂活动的记录、分析与管理,从而能更有效地和更快速地调整教学和学习策略。

5)学习过程评价者

在"学生中心"教学模式下,对课程学习的考核不但包括学习效果的考核,还包括学习过程的考核。由于各个学习环节能够被忠实记录并形成数据库,这些数据可以用于对学生学习过程和学习效果的评价。除了传统方式的书面作业和试卷测试,学生所参与的每一个学习活动,包括(但不限于)课前预习、微课慕课学习、小组讨论、随堂测试等被记录的教学环节,都可以成为学习过程评价的依据。教师在学生学习的整个过程中发挥导引、记录和评价作用,有力地保障了学生学习的顺利进行。

从以上分析可以看出,在"学生中心"教学模式下,教师在教学中的角色发生了深刻的变化,教师在重塑授课理念和重整教学过程的同时,还要更多地承担教学中各个环节的管理职能。这可能就是教改"改到痛处是教师"所说的"痛处"之一吧。

1.2 "学生中心"模式下学生的转变

如果说"学生中心"教学模式的转变对于教师来说是痛苦的,对于处在教学的另一面的学生来说,毫无疑问也是痛苦的。在传统的课堂中,学生只要走进教室,无论在课前是否对将要开展的教学内容进行相关准备,都能走完一节课的时间。对不同的学生来说,同样的一节课,可能是高效的,也可能是无效的,这不可避免地会有部分学生有"身在曹营心在汉"的学习状态。在不少课堂上我们都能观察到不少学生"随便听一听"的现象,他们在课堂学习中并未实际发挥学习功能。在这种模式下,由于学生缺乏学习动机和有效的课堂管理,学生的学习可以说是"轻松又自在"。许多高校试图采取一些举措,例如"无手机课堂"等,来提振学生在课堂学习中的状态。但无论采用哪些外部管理措施,起到的效果都是有限的,不能从根本上提高学生的学习效率和学习效果。

在"学生中心"教学模式下,学习的主体变成学生,对学习的评价也从单一的"作业+测试"方式转变为"学习过程+学习效果"的全过程评价模式。学生只有有效地参加学习的各个环节,才能获得相应的学习评价收益。一些关键环节的缺失,可能导致学习评价不佳的严重后果,这就让学生不得不认真地对待和有效地参加学习过程。

需要注意的是,学生并不是天然就会学习的,尤其是自主学习。对于学生来说,实施"学生中心"教学模式,需要对他们的学习能力进行先期的培养。课程学习的过程包括课前预习、课堂学习和课后学习三大部分。在这三个部分中,学生分别要实现对新知识和问题的初步认识、研讨提高、综合应用及创新发展的学习目标。因此,在能够真正地实施"学生中心"教学模式之前,学生需要在提出与解决问题、研究分析问题、资料查阅和加工、数据搜集和分析、沟通合作与交流等方面具备相关的基础经验,才能保证在学习过程中有效地发挥学习的主体作用。

鉴于学生并不能天然地适应"学生中心"的教学模式,教师在转变教学模式的过程中,应首先着重培养和提升学生的学习能力,并在此基础上循序渐进。待时机逐渐成熟后,教师可以提高对学生学习能力的要求。基于此,在"学生中心"教学模式转变中,学生应积极参加学习过程中的各个活动环节,不断有意识地提升自己的学习能力,使自己逐渐成为学习的主体。

1.3 "学生中心"模式下教学资料的转变

高等教育改革"改到实处是教材"。前面提到,从教学资料来说,除了教材以外,需要更多地融入新的富有时代性的教学内容。由于目前教材所呈现文字内容的单一性,教学资料还应该包含微课、慕课等视频教学资源。由于教材内容更新的时效性,研究的前沿问题和最新发展难以及时地补充进来,在教学资料改革中还应该包括吸纳科研文献、调查报告、新闻报道等多种形式和渠道的资料。这要求无论是教师还是学生,都要追踪科研进展、关注行业动态和发展、关心社会新闻,将相关内容及时纳入教学过程,并及时编纂和汇编相应的学习内容以形成集中的补充资料。

从某种程度上来说,教学资料的更新和创新,是对一流课程关于"两性一度"要求的回应。在教学资料的加工中,对教师的授课和学生的学习都提出了更高的要求和挑战。

1.4 "学生中心"模式下教学流程管理的转变

"学生中心"模式下的教学流程管理,无论从形式还是内容上,都会发生重要变化。学生学习的各个环节均要纳入考评,学生需要有效地参与教学活动。对于教师来说,需要结合学生学习的实际情况,合理有效地规划教学环节,布置学习任务,并对学生在这些环节的学习情况予以记录和评价。

前面已经提到,在传统教学模式下,无法对学生的各个学习环节进行记录和评价。在没有教育信息技术支撑的情况下,教师只能更多地对学生的学习效果进行评价,而很少评价学习过程。

"雨课堂""学习通""慕课堂"等教育信息化工具不但能够实现对在线教学的支持和管理,对课堂教学环节的信息也可以进行高效管理,这使教师对学生学习的各环节记录成为可能。无论是在预习过程中发布预习课题、检测预习效果、前概念分析(及教学策略调整),还是课堂上的现场讨论、随堂测试、投票表决等教学活动,教师均可以实时收集学生反馈的信息,使教学过程始终处于动态调整的状态。在此情况下,学生可以有效地和实质性地参加学习讨论,并能够避免由于各种原因所产生的逃避学习的情况发生,从而从根本上解决学生虚假参与或不参与学习过程的教学困境。

教师和学生都应该尽快接纳和熟悉"雨课堂""学习通""慕课堂"等课堂教学管理工具,这既是满足教学改革对教学信息化管理的需要,也是教师转变教学模式后有效监督学生学习的要求。对于学生来说,借助这些课堂信息管理工具,可以记录自己的学习过程,在对学习进行复盘检查时也会起到更好的促进作用。

表 1-1 中简单对比了"雨课堂""学习通"和"慕课堂"对教学环节管理功能的支持情况。随着在线教学的快速发展,开发者不断完善和改进这些工具的功能,使它们的可用性和易用性等不断提升。这些教学工具基本上都能较好地支持课堂的各个主要环节,但围绕自身的设计理念,又具有不同的特点。这里对它们的特点进行简单说明。

表 1-1 "雨课堂""学习通""慕课堂"功能的简要对比

	清华"雨课堂"	超星"学习通"	爱课程"慕课堂"
自有 APP	微信小程序	是	是
网页管理	支持	支持	支持
在线直播	音频 + 视频(限会员申请)	同步课堂	需申请功能
教学视频	直播回放模式	速课	支持爱课程慕课
课堂支持	现有 PPT 插入互动	现有 PPT + APP 互动选项	PPT + APP 互动选项
课堂进入	微信二维码、暗号	二维码、暗号	微信二维码
在线测试	主客观测试题	主客观测试题	通过"爱课程"支持
预习管理	支持	支持	通过"爱课程"支持
随堂测试	强支持	强支持	强支持
自动判分	强支持	支持	支持
小规模限制性在线课程(SPOC)	可支持	强支持	强支持(线上线下贯通)
主题讨论	通过讨论区/主观题支持	强支持	支持
分组任务	强支持	强支持	强支持
节点控制		强支持	
问题导向学习(PBL)		强支持	
文献整合		超星数据库检索引用	

"雨课堂"工具包括微信小程序和网页端管理工具。课堂管理主要依托微信小程序。对于教师来说,不需要花许多时间来熟悉使用方法,是最容易上手的一个工具。教师可以在基于微信的"雨课堂"小程序发布课程,并进行预习课件(含预习测试)、课堂管理、课下论坛讨论、课程公告等操作。在课堂管理上,可以发起随机点名、随堂测试、投票、发表弹幕(交流提问)、课堂提问等活动。教师在已有的课程 PPT 中通过插入互动或测试题目页面,可以在课堂中实现随堂测试等检测活动。测试题目支持客观题和主观题。客观测试支持自动评分,分数自动计入系统。主观题支持文字、图片、语音等方式作答,由教师在小程序或者网页端进行评阅。每一节课程结束后,"雨课堂"对课堂活动进行汇总,并向教师反馈学生参与教学活动的信息。教师可以在 PPT 页面记录教学感受或课程备注,方便教师记录教学体会和反思。通过"雨课堂"网页端,教师可以查看、导出、下载教学记录,方便教师对学生的学习过程进行评价。教师可以利用学生的学习记录,评估单个学生和整体学生的学习效果,以便有针对性地对学生进行教学辅导。在"雨课堂"的使用中,部分高级功能需要会员支持,目前"雨课堂"会员申请和使用都是免费的。

"学习通"是以自有 APP 方式的课程管理软件,配合网站页面端来提供全面的课程线上线下学习管理。教师在网站页面端可以布局教学目录,并对教学目录中的内容设置学习节点,要求学生在学习时逐节点完成。前端节点任务未完成时,不开放后端节点的学习任务,成为其显著特点。除此以外,"学习通"在以下方面具有显著优势,即小组 PBL 模块、基于超星数据的图书文献资料检索整合、速课(基于 PPT 讲授过程的教学视频)录制、线上讨论任务等。对于教师的线下课堂教学来说,教师在原有课程 PPT 的内容上,可以通过"学习通"APP 预设投票、测试、现场讨论等多种教学活动项目,及时收集学生的学习意见,在课堂教学中做到灵活应变。另外,"学习通"提供云盘供教师使用,用于存储课件、教学资料等。

"慕课堂"是中国大学慕课网和爱课程网基于中国大学慕课系统开发的课堂管理小程序,与"雨课堂"一样基于微信小程序进行课堂管理。依托中国大学慕课的在线教学优势,"慕课堂"可以使教师方便地对自己开设的在线课程进行线上线下教学统一管理。由于打通了线上教学和线下班级授课学生的信息,对于教师实施基于中国大学慕课环境中的线下教学具有积极的促进意义,也成为教师开展线上线下教学管理的利器。"慕课堂"对于线下课堂的互动管理与"学习通"相同,同样在"慕课堂"小程序对 PPT 设置教学互动,做到及时收集学生学习意见,实现课堂教学的灵活应变。

除了上面介绍的三种课堂管理工具外,市面上还有许多不同的 APP 或小程序,这里我们不再列举和介绍。这些课堂管理工具的出现,有效地解决了"学生中心"模式下对大量教学环节记录需求所带来的挑战,能够记录和评价教学过程全环节的活动,同时也能促进课程教学的管理水平并使学习效果得到有效提升,对于教师和学生开展有针对性的教学与辅导必将起到积极作用。

1.5 "学生中心"模式下课程考核方式的转变

与教学环节记录转变所带来的困境类似,由于考核方式中融入了更多的学习环节评价过程,"学生中心"模式下课程考核方式也将发生转变。教师除了需要考核学生的学习效果,还要考核学习过程中学生的参与度和目标达成度,即考核学习过程中的综合表现。如果没有课堂管理信息化工具,教师是很难实现对诸多学习环节评价的。上面谈到,"雨课堂"等课堂管理工具能够帮助教师记录教学过程中各环节学生的学习行为和学习效果。依托这些课堂管理工具所记录的数据,可以实现对考核方式的转变。同样地,"学生中心"模式下的课程考核方式转变已经不存在关键困难。期望教师积极主动地使用这些课堂信息化管理工具,大幅提升现有课堂教学的信息化管理水平,为建设一流课程服务。

第 2 章

"学生中心"教学模式下教师
和学生能力要求的转变

"学生中心"教学模式下,无论是教师教,还是学生学,都将发生非常大的变化。在这一章中,分别对教师的教学转变和学生的学习转变进行讨论,以使双方能够顺利开展教学和学习改革。

2.1 教师教学模式转变的能力要求

面向"学生中心"的教学改革中,教师、学生、教学资料和教学管理是转变的主要对象。教师要成为"学生中心"模式学习过程中的合格导引者,除了自身要具有扎实的专业知识基础以外,还必须具备良好的教学流程设计与管理、教材分析与资料整合、学生沟通与交流能力。这要求教师不但要具备传统的教学技能,还需要熟练运用现代教育信息技术。

在传统的教学技能中,有利于教师开展"学生中心"教学模式转变的有以下方面,这里仅做简要说明:

(1) 教材分析技能。教材分析能力是教师结合教学目标,对教材内容进行分析并构建教学策略的重要能力。教师针对不同的教学内容,比如理论、实验的不同,制订合理的教学方案。在"学生中心"教学模式下,教师在做教材分析时,不仅要分析教材本身,还要结合学生的学习能力,对教材进行适当处理,以使教学的不同环节中学生能够学习不同难度和深度的内容,同时锻炼学生基于教材内容理解与吸收的信息加工处理能力。

（2）教学资料整合技能。除了教材以外，教学内容还需要具有一定的广度和创新性。由于教材更新的时效性，往往不能体现最新进展和应用。教师应结合教材知识，及时将新的内容纳入教学过程。为了实现这一点，教师需要将教学内容与生产生活、科研进展及社会发展进行有效结合。这就要求教师不能固守教材的内容，而要能灵活地吸纳教材外的资料，使学生通过学习能够有效地将学科知识与生产生活、科研进展和社会发展相联系。

（3）微课设计制作技能。微课对于学生开展主题知识的重复性学习具有重要的促进作用。对于教学重点、比较复杂的操作过程、难以理解的知识点等需要多次学习的知识内容，微课有利于学生利用课外时间学习，以加深理解。教师通过设计和制作微课，能够有效地促进学生的学习，并能够避免学生在课堂上未能及时掌握相关知识时无处求教的情况。随着慕课技术的发展，微课将具有更加重要的作用。教师掌握微课的设计和制作技能，将具有更重要的意义。

（4）教学策略设计技能。在传统的教学技能中，良好的课堂情境创设、启发式教学、探究式教学等教学技能，能够有效地调动学生的学习兴趣，使学生参与教学过程。这些教学策略的使用需要教师具有较丰富的教学经验。在"学生中心"教学模式下，调动学生参与度的教学策略和技能将发挥重要的作用。

（5）了解学生的技能。教学过程中，教师需要充分了解学生的学习过程，包括了解学生的学习动机、学习能力、认知能力等。如果不考虑学生的状况，盲目地制订教学方案，很可能无法取得所期望的教学效果。教师在教学的过程中，要不断地了解学生学习的难点和对关键知识的完成情况，找到解决学生学习困难的方法。与学生进行有效沟通对于改进教学方法和提升教学效果具有重要意义。在"学生中心"教学模式下，了解学生对于完成教学任务起着非常关键的作用。

（6）学习激励技能。教学中学生学习的有效发生需要依靠一定的教学激励措施。有效的激励措施有利于促进学生更好地开展学习，比如完成一定的任务可以获得相应的评价分数，参与课堂互动活动、调研展示等可以获得额外加分等，都会使学生提高学习的热情。在"学生中心"教学模式下,对不同环节的教学任务的完成情况进行合理和有效评价,将有效地促进学生参与各种教学活动。因此,教师应掌握不同的学习激励技能。

(7) 教学评价技能。教学评价不仅仅是指对学生学习效果的评价,也指对教师教学效果的评价。教学是教师和学生发生"相互作用"的过程,教学的效果不仅体现在学生的学习效果上,也体现在教师的教学目标完成情况上。除了依靠同行、学生对教师教学的评价以外,教师自身也需要不断对自己的教学进行评价分析,寻找自己教学的优点和缺点,以达到对自身教学技能的完善和提升。

(8) 课堂管理技能。课堂管理技能指教师在课堂教学中,通过有效的课堂管理手段和方法,保障学生在学习过程中处于有效果和有效益的学习状态。这包括但不限于合理调动学生兴趣、诱发学生思考、开展有效的教学互动、使学生集中精力、防止学生走神等方法。如果教师无法对课堂教学进行管理,而仅仅考虑自己的授课过程,学生在学习过程中将出现多种问题,反而降低了教学效果。在"学生中心"教学模式下,例如小组学习和翻转课堂教学过程中,有效的教学管理将对教师合理引导学生学习会起重要的保障作用。

(9) 测试命题设计技能。测试与考试对于考察学生是否扎实掌握知识和是否形成创新能力具有重要的意义。合理的测试题目可以真实地反映学生的学习效果和知识掌握水平。这要求教师具有设计测试题目的能力。通常来讲,知识和技能是分层次的。例如,在布鲁姆知识分类模型中,将知识分为识记、理解、应用、分析、评价、创造 6 个层次。结合某一个知识从不同的层次进行考察,需要教师对此有较强的把握与掌控能力。教师需要根据对学生的考察目标和考察能力水平,设计合理的测试题目,从而反映学生掌握知识的水平和层次。传统教学模式考核下注重对知识的理解性掌握及应用,很少出现对知识进行评价性和创造性的测试题目,这实际上造成对学生学习层次的要求处于较低水平。除此以外,由于种种原因,考试题目往往会陷入重复很多的困境,对学生学习的挑战度不够。"学生中心"教学模式下,教师应在教学的持续改进过程中,不断提升测试题目命题的高阶性、创新性和挑战度,以促进学生学习向高阶发展。

(10) 测试分析技能。教学测试包括随堂测试、作业、章节测试、期中和期末考试等。对测试结果的分析有利于教师和学生发现教学过程中存在的弱点和不足，以改进教学方法。因此，在"学生中心"模式下，教师需要不断进行各种形式的测试，评估学生的学习状态和学习效果。对教师来说，能够分析学生的测试结果，并从中得到教学反馈是基本教学技能。测试分析包括试题难度分析、学生的知识掌握程度分析等。在随堂测试中，教师通过分析学生的答题状况，可以及时获取学生的学习效果，并发现学生学习过程中的困难。通过对章节测试的结果分析，教师可以了解学生对基础知识和综合知识的掌握程度。对期中和期末测试的分析可以使教师和学生了解在经过阶段性学习后，对该课程所要求知识的掌握程度。对测试分析越熟练的教师，越能够发现学生学习过程中的困难，并以此为基础及时调整和改进教学策略，提高教学质量。

除了上面所提到的教学技能，在"学生中心"教学模式的转变中，基于教学管理信息化方式，教师应具备并进一步加强以下教学技能，以达到服务"学生中心"教学模式转变。这里仅做简要说明：

（1）对学生学习的导学技能。在"教师讲授"模式下，教师无需或者很少关注学生在学习技能方面的能力形成与培养，并经常会主动或被动地忽略学生的学习需求。在"学生中心"教学模式下，学生是学习的主体，教师处于导学地位。教师应结合学生的学习能力与水平，设计符合学生学习路径的教学过程。因此，教师需要厘清学习过程中的重要环节和关键环节，并在课前、课堂和课后等教学环节制订和实施有效的教学任务表，做到及时关注学生学习状态，导引、监督和督促学生完成相应学习任务。

（2）基于"学生中心"模式的教学设计技能。"学生中心"教学模式下，学生是学习过程发生的主体，教师的教学过程服务于学生的学习。因此，教师的教学设计需要围绕学生学习的过程进行设计。教师应能够及时了解学生的学习能力，通过课前测试或调查了解学生的知识基础，针对教学重点和难点制订教学目标和教学方案，在课堂上及时了解学生的学习达成度（通过课堂交流讨论、随堂测试等方法），制订合理的课后任务，使整个教学过程围绕学生的学习发生，以保障学生学习的效果。

（3）在线学习资源制作与整合利用技能。融合慕课资源并进行线上线下混合教学是当前教学改革的趋势。慕课为学生提供了随时随地学习的平台,大大地扩展了学习的空间和时间,受到学习者的好评。教师应积极开发慕课资源,基于课程和学生学习实际,设计制作慕课资源。另外,除了自己制作教学资源外,教师还应积极整合在线教学资源,引用、借鉴现有的优质网络学习资源(包括但不限于慕课资源、学术讲座等),调研吸纳最新的教学、科研文献资料,关注社会状况,及时更新教学内容和教学资料,使课堂教学内容贴近生产生活、科研进展和社会发展实际。基于以上需求,教师需要具备在线教学资源的制作、开发和利用的技能,例如基于在线资源开展线上线下混合教学、课前预习等活动来在线指导。

(4)在线教学工具使用技能。在线教学工具对促进教师开展教学改革具有非常重要的作用,掌握和使用这些工具可以方便教师更深刻地了解学生的学习过程和学习行为,教师在现有授课的基础上应积极使用在线教学工具,灵活地设计课程教学过程,不断改进和提升教学能力。

(5)教学大数据分析技能。教学大数据为教师针对不同学生进行个性化教学,甚至是智能教学提供了可能。通过对学生学习的整体分析和个别分析,教师可以从学生的整体上和个案上提出和优化教学策略。另外,基于学习大数据,教师可以根据学生学情及时调整教学重难点、教学方案和教学模式,并基于反馈结果有针对性地改进和提高教学质量。

(6)翻转课堂教学技能。毫无疑问,翻转课堂教学对于提升学生的学习能力,引导学生自主学习具有非常重要的促进作用。在"学生中心"教学模式改革中,翻转课堂教学将成为一种重要的教学形式。在实施翻转课堂教学前,教师应对整个教学进行精心设计。教师不但要对学生的现有知识水平、预习目标达成度、现存的学习难点等进行综合调研和了解,还要基于相关的分析制订合理的课堂研讨主题,引导学生围绕教学目标进行学习。教师要对整个翻转课堂的教学过程制订完备的教学预案,并结合实际教学过程中可能出现的情况做好应对方案,实时调整教学计划。

(7)分组与同伴学习教学技能。在"学生中心"教学中,小组学习和同伴学习的成效要大于单个学生的学习成效。在小组学习中,组员间通过开展有效的讨论、质疑、交流、评价等学习活动,可以增强学习动力,提升教学效果。另外,通过学生之间的相互评价,可以增强学生对所学习知识的应用和评价能力。在分组和同伴学习的思维碰撞之中,也容易促使学生对所学习的内容形成新的认识。教师在对学生的分组和同伴学习要求中,要划定合理的任务、进度安排、考核评价形式等,并采用有效的激励模式,保障学生能够有效地参与分组和同伴学习任务,避免虚假参与和不参与的学习现象发生。

（8）线上线下教学活动组织技能。"学生中心"教学模式打通了学生的课堂学习和课外学习的屏障。无论是课堂学习,还是课外学习,目的都是服务于学生的学习,获取相应的教学效果。学生在教师的导引下,通过合理的线上线下学习,不但要收获课程知识,还要不断提高学习能力。教师需要对学生的线上和线下学习进行合理的规划和组织,通过各种合理形式对学生的学习提出明确的目标,避免学生在自主学习过程中产生盲目性,以及面对各种各样教学资源时产生的选择迷惑性。

在对学生的学习模式转变的引导过程中,教师应注意从以下方面对学生进行培养和引导:

（1）培养学生学习兴趣,调动学习主动性。只有学生有了学习的兴趣和学习的主动性,才能使学习产生效果。教师应注意通过对教学资源的整合、优化教学评价、健全教学管理等多个方面,使学生更多地参与到主动性学习中。

（2）培养和引导学生形成提问和质疑技能。提问和质疑是形成主动学习能力的重要技能。教师应逐步引导学生在处理教学资料过程中形成提问和质疑的技能,从教学资料中读出和发现问题,以便在学习过程中有效地参与交流、研讨和评价等各种学习活动。

（3）培养学生交流互动的技能。在掌握和处理教学资料的基础上,学生还需要具备参与交流互动的技能,这既包括交流互动时使用的陈述、证明和结论等语言表达能力,也包括在尊重的环境中讨论和评价的技能。

（4）培养学生评价学习的技能。学习的评价包括对自身学习水平的评价和对同伴学习水平的评价。对自己学习的评价是指对资料处理加工后自己形成知识能力水平的评价,主要判断对知识的理解、应用和创造水平。对同伴的评价主要是指结合自己的认识水平,同伴对知识的理解、应用和创造水平达到的程度是优于自己还是存在不足,在此基础上形成借鉴性学习。

总而言之,教师实现以"学生中心"教学模式的转变,不但是教学理念向服务"学生学习"导学的转变,也是自身在教学设计、教学资源、教学过程、教学技能、教学管理、教学信息化等方面的转变和提升。对于教师来说,这是一个全面变革和全面提升的过程,需要教师做好相应的技能准备,并在不断的实践过程中完善和提高。

2.2 学生学习模式的转变

"学生中心"教学模式下,学生学习的转变及其成效是最为关键的。在此学习模式下,如图2-1所示,一切教学资源围绕"学生学习"发生。教师在教学理念、教学方式、教学手段、教学资料等方面的转变都是为了学生在教学过程中落实自身的"学生中心"地位。教师教学模式的转变要取得相应的教学效果,必然相应地要求学生从自身学习方式和方法的根源上发生彻底转变。这要求学生在新的教学模式

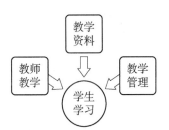

图 2-1 "学生中心"教学模式下,一切教学资源围绕学生学习发生

下,转变自己的学习方式,立足自身学习动机与需求,更多地培养发展和依靠自身的学习能力。

这里简要讨论一下学生应如何转变学习。"学生中心"模式下,学生应结合自身基础和学习特点,找到适合自己的学习方式。我们曾经对国内不同层次高校不同专业的 2 000 余名学生就"学生中心"教学模式下的学习困难进行了调研,学生普遍反映,影响教学效果的主要因素是"学习主动性""学习能力"和"课程难度",均与学生学习态度、能力和水平相关,而教师的教学水平和教学管理水平排在上述三个因素之后。这反映了学生自身认可,在"学生中心"教学模式下,学生学习本身的因素对学习效果具有重要作用,甚至起到决定性作用。

"学生中心"教学模式的教学过程是围绕学生的学习和成长而进行的,作为学习的主体,我们建议学生在以下方面提升自己。

(1)提升学习能力。所谓学习,指的是"获得知识、培养技能、产生认

知"的过程。学习能力是围绕以上过程发生的一种综合性能力,从比较宽泛的要求来说,可以把学习的本质理解为对信息的采集、消化、吸收、应用、创新和发展能力,以及对学习的情感和动机、方式方法、进度规划、学习管理、达成评价、学习改进等能力。围绕与学习相关的能力,学生应不断检视学习过程中的不足,弥补学习中的缺陷,最终自觉形成终身学习的能力。

(2)信息采集与资料整合能力。在大学的课程中,除了教材为主的教学内容外,还包括更多的资料。课程调研体现了学生对学习知识的理解和应用能力,这使调研成为课程学习过程中经常性发生的任务,也因此要求学生形成信息采集能力,并在信息采集的基础上,通过对信息的分析和理解,吸收整合信息。针对这方面的要求,学生应注重对文献和资料调研(如熟练使用文献数据库和文献检索引擎)、资料分析与管理、撰写报告等能力的培养与提高。

(3)发现问题和质疑能力。学习的过程除了对现有知识和技能的掌握,更重要的是要形成发现问题和质疑的能力,为知识的发展和创新打下基础。现有的知识往往是在特定的条件下成立的,因此在学习过程中应避免单纯地接受现有知识。在对教学资料的学习过程中,学生要对现有的内容形成自己的认识(无论是正确的认识、不全面的认识,还是错误的认识),提出自己的观点。在理解现有知识的局限性和其产生原因的基础上,进一步形成发现问题和提出质疑的习惯,并在新的应用中避免或突破其局限性。发现问题和质疑能力的培养对于学生在学习过程中开展交流、讨论也具有重要的促进作用,能够帮助学生在参加教学活动时形成一定的主动参与动力。

(4)主动参加教学活动。在"学生中心"教学模式下,教学活动是围绕学生的学习设计的。一方面,教师在教学设计中将围绕学生学习的特点设计教学活动,以使大多数学生参与到教学活动中来。另一方面,如果学生不主动参加教学活动,或者缺乏参加教学活动的能力,教学的效果将会大打折扣。由于在"学生中心"教学模式下,学生参加的大部分学习活动将被记入学习评价,不主动参与学习过程或参与效果不佳将会极大地影响学习评价的结果。因此学生在学习过程中,应采取主动参与的态度,在学习过程中发挥主观能动性,完成教师所设计的所有教学环节,对学习结果进行评价,并积极向教师反馈学习效果,以使教师改进教学过程。

(5) 合作、讨论、交流和展示能力。在"学生中心"教学模式下,会有大量的合作学习、讨论交流、展示汇报环节。在合作学习中,学习效果与小组成员所发挥的作用有很大的关系,每位成员需要承担一定的任务,以使学习效果达到最好。除此以外,与同伴或小组的讨论与交流技能,在课堂或其他公开场合展示汇报的技能同样非常重要。增强合作、讨论、交流和展示的技能,对于学生形成良好的学习能力具有重要的作用。

(6) 总结、反思和改进能力。对学习的持续总结、反思和改进能力反映的是学生在学习自省的基础上对自己提出更高的要求,这些能力是促进学生从对知识的表面化认识向深处发展的重要途径。引导学生持续地总结、反思和改进,有利于他们提升对知识认识和理解的深刻程度,也是形成良好学习能力的重要方法。

(7) 做好学习规划与管理。对学习的良好规划和管理是学习者取得学习效果的重要保障。对学习毫无规划和管理的学生难以达到良好的学习目标。学习规划包括对课程教学各环节(主要是课前与课后以及课堂讨论计划等)的时间规划与管理。在学习规划上,学生应合理制订学习计划,并在此基础上做好对自己学习的管理,提高学习的效率,从而达到良好的学习效果。许多学生疏于学习管理,往往在课前临时抱佛脚或者毫无准备。在"教师讲授"的模式下,学生能够在教学过程中取得一定的学习效果。但在"学生中心"模式下,学习效果更多地要通过学生的主体作用产生,如果疏于对学习进行规划和管理,在课堂上学生将难以有效地参与学习过程,学习效果可想而知。

相信通过参与"学生中心"的教学过程,学生收获的将不仅是知识本身,更重要的是形成自身长远发展的综合学习能力。这正是"授人以鱼,不如授人以渔"教育本质的体现,"授人以渔"的最终目标是使学习者形成学习能力,以自主获取新的知识。

一流专业建设和一流课程建设的深入发展,必将为学生的终身发展提供强劲的动力。学生应该以更高的热情和更强的愿望,呼唤和支持教师开展以"学生中心"教学模式的教学改革。这个改革过程受益的不仅仅是开展教学改革的学校和专业,更重要的受益者是参与教学过程的教师和学生。

第 3 章

"翻转课堂＋同伴学习"的实施策略

培养学生的学习能力是一流专业和一流课程的重要目标。以"学生中心、产出导向、持续改进"为核心理念的一流专业和一流课程建设改革,要求课程设置和教学服务于"学生中心",以专业培养目标和课程目标为导向建设课程,并形成对课程的持续改进和质量提升机制。因此在课程改革中,教师的教学全过程和所有环节应围绕提高学生学习能力,以服务于学生的成长。

3.1 翻转课堂教学的实施策略初探

在诸多的有助于提升学生学习能力的教学方法中,"翻转课堂"教学法受到了极大推崇。以"先学后教"为主要特征的翻转课堂教学,强调学生在课前对知识学习的预先消化和吸收,而在课堂上通过教师有效的教学组织,利用研讨、交流等方式使学生的学习向深度发展。和高中生相比,大学生已经具有了较强的学习能力和信息处理加工能力,翻转课堂教学方法能够更好地调动学生的学习兴趣、激发学生的求知和探索欲望,并有助于学生形成创新能力。

2019 年春,教育部大学物理教指委主任、清华大学王青教授应邀到河南师范大学开展了一次《电动力学》翻转课堂示范教学。教务处领导、学院领导和部分课程主讲教师观摩了这次翻转课堂教学。许多教师原本以为,由于学生知识基础和学习能力所限,《电动力学》这样难度非常高的专业骨干课程,是难以实施翻转课堂教学的。但在示范课的现场,学生热烈地研讨和交流场面使在场的领导和教师受到了极大地震动。在我们与王青教授的现场和课后教学研讨中,王青教授深有感触地指出:"翻转课堂教学不仅仅适合一般性课程,也适合难度较高的课程。教师实施翻转课堂的改革,首先要相信学生具有学习能力,并在这个基础上合理规划教学环节。在充分了解和发现学生存在的问题基础上,制订和调整优化教学目标,并选择教学方法。"王青教授后来在全国的物理学类课程经验交流会上也多次以这次翻转课堂示范课为例,说明在物理专业骨干课程中使用翻转课堂教学方法的可行性。王青教授这次成功的翻转课堂教学示范促使我们决定在量子力学课程教学中实验翻转课堂模式。经过对学生的调研和分析,我们首先总结出实施翻转课堂教学时,学生可能遇到的主要困难:

(1) 难以发现问题和提出问题;

(2) 不太适应自主学习模式;

(3) 数学基础知识较弱或不足;

(4) 学习习惯不好,不能坚持预习;

(5) 习惯于教师的讲授模式,难以或不想改变;

(6) 不敢或不愿意在课堂上表达;

(7) 与同学的交流困难。

以上问题中,我们认为核心的问题在于(1)和(2),它们与学生的学习能力相关,是难以快速解决的,必须通过较长时间的调整和对相应能力的针对性培养才能起到实质效果。(3)与学生的知识基础有关,在教学中适当处理即可。(4)与学生的学习习惯相关,会直接影响翻转课堂的教学效果;(5)～(7)三个问题与学生的学习意愿、合作交流、展示汇报等方面的能力有关,通过合理的学习过程管理和课堂管理可以得到改善和提高,也正是翻转课堂的优势所在。因此,在准备尝试量子力学翻转课堂教学前,教师应该首先思考如何解决(1)和(2)这两个核心问题。

在阅读和处理教学材料时,通过理解材料发现问题是核心任务。如果说读懂教材是容易的,那么提出问题和进行质疑则要求学生具有较高的批判性思维能力,这往往是学生所欠缺的。因此,教师不能盲目地凭自己的教学热情实施翻转课堂教学的尝试,而要首先通过一定的操作,留出足够的时间让学生逐渐养成提出问题的习惯,并初步形成质疑的能力。这需要教师在学生处理教学材料时给予比较明确的指导,并辅助学生形成提问和质疑的方法。我们将在下一章对(1)和(2)两个核心困难进行专门讨论。

针对(4)所反映的学生课前预习习惯问题,在"雨课堂"和"学习通"等课堂管理软件中都比较容易解决。教师可以通过设置合理的课前思考题目,以及预习测试问题,要求学生在课前完成,并将完成情况纳入过程化考核管理,引导学生逐渐做好课前的预习。

针对(5)~(7)项学生存在的困难,首先要使学生认识到学习模式的转变要求学生调整学习态度,主动成为学习的主体。教师在课前应对学生有深入了解,并提前预测可能发生的情况,合理设置翻转课堂的教学互动、小组讨论、随堂检测等教学过程和教学环节,即可较好解决。针对学生参与学习的实际过程,通过随机抽取、随堂测试、活动绩效、奖励政策等方式进行激励,提高学生参与的有效度。

翻转课堂教学法的实施方法有许多种,其中又可以灵活地融入启发式教学、探究式教学、讨论式教学和合作学习多种主动学习形式。如前所述,其主要特征是强调学生课前对相应资料的预先处理,形成"先学后教"的翻转课堂教学基础,在课堂上教师引导学生通过主动学习方式达到解决疑难、加深理解、综合处理和发展创新等深层次的学习目的。翻转课堂教学过程大概可以分为以下4个步骤:

(1)课前预处理教学内容,发现疑难。教师需要合理布置学生的课前学习任务和需要解决的问题,由学生个人或通过学习小组完成。对于学生学习中遇到的问题,集中在课前向教师反馈,用于教师制订适合的教学方案。课前学习材料可以是教学视频、基于教材的导学案、课前预习中的问题式学习等,并不是部分人所认为的"翻转课堂必须依赖教学视频或者慕课资源"等课前学习。

(2)课堂开展高阶性学习。课堂学习中,根据预设教学方案,由学生以小组的形式对课前疑难问题进行研讨,在教师的引导下,解决疑难问题。教师在疑难问题解决的基础上需要进一步引导学生开展知识的深层次学习、综合学习和创新性学习,即主要集中在综合、应用和创新层面的高阶性学习。

(3)课后通过综合应用与调研提升学习质量。经过课前和课后学习,学生对相关知识的认识已经达到一定的高度,在此基础上,应开展调研分析,并进行较高水平的综合认识应用性、评价性和创新性练习实践。调研可由教师指定方向或学生自主选择方向,明确任务和评价标准,由学生单独或小组合作完成。结果的评价可以由教师完成,或者由学生互评完成,并从评价结果中选出优秀案例,予以公开示范和特别表彰。基于"雨课堂""学习通"的讨论区可以使教师和学生非常方便地完成这个过程。

(4) 学习总结与学习反思。经过完整的课前、课堂和课后学习,学生应分别总结和反思学习过程的收获与进步,并对所学知识进行系统性总结与反思评价。在这个环节,学生可以通过制作思维导图的方式将学习中的关键点进行系统化,并记录学习反思要点,供后续学习参考。

在以上所列学习过程中,学生始终处于学习的主体地位。教师在学习过程中提供引导,并在一些关键环节帮助学生解决学习困难,使学生能够有序推进学习过程。

3.2 小组学习模式

小组学习是合作学习的一种,具有同伴教学方法的强烈特点。在小组学习中,通常由 3~5 位学生组成合作学习团体,学生通过合作方式共同完成任务,从而强调学生间的互动与交流。小组学习使学生在学习中从单一学习个体变成了有机学习整体的组成部分,能够有效地防止学生在翻转课堂教学过程中游离于学习之外。

作为合作学习和同伴教学法的一种有效形式,小组学习在翻转课堂中能够有效地提高教学效果。我们的课程实践将小组学习贯穿在整个学习过程中,并尽可能使学习过程包含合作学习的 5 个基本要素,即积极的相互依靠、面对面的互动促进、个体责任制、人际和小组相处技巧、小组工作过程反思。

在北京师范大学张萍教授所编著的《基于翻转课堂的同伴教学法(原理·方法·实践)》中指出,通过创建学生自主学习、合作学习、生生互动和师生互动教学环境。通过"三人行,必有我师焉"的交流和互相学习,同伴教学法有利于学生在以下方面取得效果:

（1）加深对概念的理解，提高分析能力和综合能力；

（2）发展高水平推理和批判性思维能力；

（3）激发学习兴趣、提高学习潜能、增强学生的自信心；

（4）有利于知识的保持和记忆；

（5）减少男女生学习差异。

在小组学习过程中，教师的引导作用体现在对学生学习兴趣的激发和帮助学生形成学习动机、创设合理教学情境、对学习的组织和协调指导。

我们的教学实践通过对学生划分学习小组的方式形成学习团体。学习小组的作用贯穿课前、课堂和课后学习的全部环节。为鼓励学习小组中每一个学生有效参与学习，学习组长采用轮值制度，并在学习过程中发挥组织学习、交流研讨、课堂汇报和课后任务的协调作用。对学习的评价采用对学习小组整体评价的方式，由组长根据任务完成的贡献度提供评分分配比例。这就使学习小组中的每一个学生都有机会承担组织领导角色，以培养学生的团队合作沟通交流能力。由于学习的整个过程纳入学习评价，在每次任务中，为了使小组获得更好的评价，组长都需要努力发挥组织协调作用。

在翻转课堂教学中，小组间的对抗性辩论、小组展示、同伴评价，既体现了小组内学习公平交流的原则，又提供了小组间竞争性比较环节，对提高翻转课堂的教学效果具有重要作用。我们在课堂上按小组随机发布讨论任务、小组汇报（组长主持小组的汇报和补充）、组间互评的翻转课堂模式实验，有效地调动了学生参加各项学习活动的积极性，取得了非常好的课堂效果。

教师在布置小组学习任务时应注意，过于简单的任务不适合小组学习，因此需要侧重于以下方面：

（1）知识交流与观点碰撞。引导学生开展小组学习时，在基本信息交流的基础上，更多地要发挥深层次的知识交流和观点碰撞。发散性思维或创造性思维的问题，需要不同的学生贡献观点，可以作为较好的学习任务。另外，高水平推理和批判性认识的任务也需要观点的碰撞，更适合小组成员之间的交流学习。组内学生就某个问题进行交流讨论的过程中，将对某个观点从不同方面加以认识和辩论，最终形成结论性认识。结论性认识的结果可以是一致的,也可以有冲突的。组长负责对讨论过程和结论进行汇总和汇报。

（2）讨论的任务应该具有一定的难度和复杂性,形成挑战度。浅显的问题和容易理解的问题,不适合小组学习。面对有一定知识难度和复杂性的问题,学习小组在交流过程中将充分开拓每个人不同的观察研究思路,促进学习潜力的挖掘,提升小组解决问题的能力。

（3）学习任务的难度应符合学生能力。教师发布的学习任务应注意适配学生的学习能力。如果发布的学习任务难度过大,容易磨灭学生的学习兴趣。对于难度较大的任务,教师应提前进行适当破解或合理划分解决步骤,并遵守循序渐进的学习原则。

融合了小组学习的翻转课堂教学,可以在调动学生学习情绪的基础上,避免学生由于学习能力弱、不善于交流等因素造成的不利于学习的情况发生。通过同伴之间的观点交流和碰撞,以及共同合作解决问题,小组学习成为鼓励学生参与课堂活动、顺利开展自主学习的重要帮助形式,也能使学生在学习活动中,逐渐承担团队任务、发挥领导作用,并逐渐成为学习的主人。

值得指出的是,教师既可以实施整节课的翻转课堂教学,也可以实施某个环节的翻转课堂教学。在学生参与翻转课堂教学能力不足时,教师可以初步实施某个教学环节的微型翻转课堂教学实验,这样既可以使学生的学习行为逐渐发生变化,也可以增强学生主动参与学习过程的能力。通过多次的微型翻转课堂教学实践,教师和学生都会从中积累翻转课堂过程的经验,达到越来越好的翻转课堂教学管理和参与效果。

第 4 章

发现探究问题和课堂交流
能力培养方法初探

在第 3 章,我们指出学生在翻转课堂中遇到的首要困难就是"难以发现和提出问题"。经常会有同学说,预习的时候教材上的每个字都认识,但放在了一起却不知道说的是什么,更别说提出问题了。受困于学生提出问题能力的不足,在翻转课堂教学中,往往会由于学生找不到讨论的问题而使课堂陷入冷场。另外,影响翻转课堂教学效果的主要因素之一为学生"不敢或不愿意在课堂上表达",这反映了学生在课堂交流方面也存在一定的困难。本章将以两个方面进行讨论,一是学生发现和探究问题能力培养;二是学生课堂交流能力培养,并给出一些参考方法。

4.1 学生发现问题能力培养方法初探

爱因斯坦说:"提出一个问题往往比解决一个问题更重要"。在学习过程中,学生基于已有知识基础和认识方法,对现有知识内容提出不同认识,这既是学生批判性思维能力的体现,也是学生观察、发现和解决问题的基础,同时还是学生培养和发展创新能力的开端。"先学后教"是翻转课堂的自然要求,学生在走进课堂之前,必须对教学内容形成自己的认识和判断,才能够在课堂活动中收获学习效果。与传统教学模式中对学生的预习要求仅仅是阅读教材不同,实施翻转课堂教学前,学生预先要掌握教材内容中比较简单的部分,并对一些过程、结果和结论形成一定的批判性认识。

这就要求学生在预习时要能发现问题,因此首先需要培养学生的发现问题的能力和质疑能力。

针对培养学生发现问题的能力和质疑能力,我们初步尝试了一个比较简单的方法,要求学生在学习教材内容时,将教材呈现的语句做三个改变:

（1）将陈述性句变成疑问句。比如教材内容"这种当时把物理学的理论认作'最终理论'的看法显然是错误的",这是一个陈述性语句,对此可以提出两个问题:①人们为什么在当时把物理学的理论认做"最终理论"? ②为什么把物理学的理论看做"最终理论"的看法"显然"是错误的? 类似的提问不但能够使学生可以更深刻地理解教材,还可以使学生围绕相应问题整合教材内容。如果有更深的要求,还可以进一步搜索更多的文献资料,对相应的问题作答。

（2）问发生条件或存在环境。比如,教材中定义绝对黑体为"一个物体能全部吸收投射在它上面的辐射而无反射的物体"。这是一个物理理想模型,在现实中并不存在。基于理性模型可以问:"生活和科研中的物体,哪些物体最接近黑体?"由此引发对黑体近似物体的讨论,这种提问方法可以很容易地诱导学生调研关于黑体的研究进展及其应用前景,同时也可以追踪人类关于最黑材料研究的历史,从而激发研究兴趣。

（3）将判断性结论变成质疑性结论。在对光电效应解释后,爱因斯坦得出假设,光既有波动性也有粒子性。可以提问"爱因斯坦假设光子既具有波动性又具有粒子性,这个假设合理吗?"从而思考爱因斯坦利用光子假说解释光电效应现象过程中,哪些方面体现了光子的波动性,哪些方面体现了光子的粒子性,并可以进一步思考和认识波动性和粒子性的本质特征。经过这样的提问和回答,辨明和加深对光子具有波动性和粒子性两种属性的认识和理解。

通过以上课程预习方法的转变,学生既可以在预习材料时进行提问和质疑,又可以通过对教材内容的信息处理进行自问自答。如果能够圆满答出所提出的问题,说明在学习过程中,这个问题已经得到了解决。如果回答存在不确定的地方,或者不能很好地回答提出的问题,说明对提出的问题存在理解困难,需要通过与其他同学交换意见来解决。如果课前通过各种方法都不能解决的,说明需要教师在课堂上予以学习指导,此时需要及时将预习中的问题提交给教师,由教师在课前制订课堂对策。毫无疑问,这种"提问—回答"式的互动式预习在增强学生提问和质疑能力的同时,也增强了学生信息加工能力和学习效果检验能力。

这里以学习光电效应的实验为例,讨论如何使学生提出问题。光电效应是在量子力学发展早期对认识光的波粒二象性本质具有关键作用的一个实验。在教学任务中,主要是通过对光电实验的认识及物理解释,理解光具有波粒二象性的本质。围绕这一目标,我们提出以下思路,由学生体验在课前预习中如何提出问题:

(1)围绕概念类和定义类问"＊＊是什么? 特点是什么?"

(2)围绕时代背景问"当时的实验水平是什么? 哪些人有相关的研究?"

(3)围绕实验设置问"测量什么物理量? 实验条件是什么? 如何观察到?"

(4)围绕实验现象和结果问"观察到什么? 数据怎么样?"

(5)围绕实验分析问"物理规律是什么? 理论困难是什么? 有什么假设?"

(6)围绕结论问"结论合理吗? 有什么创新与发展?"

(7)围绕实验的利用和再开发问"现代对这个实验有什么应用? 还可以再做什么改进?"

下面这张问题单可作为教师布置给学生的预习任务。

光电效应问题发现单

请根据教材内容和调研材料,围绕下列提示提出相关问题,与小组同学交流讨论得出结果,将不能解决的问题凝练出来反馈给老师(反馈时应说明发生困难的原因)。

1. 光电效应是什么?

2. 实验能够发生的条件有哪些?

3. 实验中观察到什么?

4. 与现有哪些知识有联系?

5. 如何基于已有知识解释现象? 遇到什么困难?

6. 谁最终提出了什么解决思路? 解决问题的关键是什么?

7. 问题解决得出什么结论? 具有什么意义?

8. 你认为实验能从哪些方面进行调整或改进?

9. 经过小组研讨,你认为对光电效应学习中还存在什么困难? 困难的原因是什么?

通过要求学生在学习中经常提问与反思,学生将逐渐养成提问和发现问题的习惯。对于学生来说,这种"提问—探究—回答"的过程相当于进行了一次小型的主题式探究性学习,必然会增强学习能力。随着学生提问、质疑和解决问题能力的提高,教师实施翻转课堂教学的机会将越来越成熟。

4.2　学生参加课堂讨论的方法和技巧

"学生中心"教学模式下,尤其是以翻转课堂为主的教学组织方式中,教师会组织大量的学习活动,由学生发表观点和意见,同时要求教师对同学们的观点和意见进行评价。这要求学生在相应的学习活动中,能够有效地参加讨论,并发表自己的意见。在生生互动和师生互动的教学过程中,无论是阐述个人的看法与观点,还是和同组学生交换意见,以及对他人的质疑和提问,能够用逻辑清晰、准确无误的语言进行表达,都是比较基本的要求。在参加课堂讨论方面,给学生以下建议:

(1)讨论前要做积极的准备,充分阅读材料。在走进学习小组讨论之前,应该对学习材料的信息加以处理,形成自己的观点,并按照合理的逻辑对拟发表的意见进行整理。必要时可以打草稿,或做好发言提纲。

(2)采用 SRE 方式有理有据地陈述自己的观点。在阐述自己观点时,注意遵循 SRE 方式,即陈述观点(statement)—给出理由(reason)—表明证据(evidence)。SRE 方法不但能够使讨论人清楚地表明自己的观点,还能够清楚地介绍自己形成观点的原因和证据,对于讨论时的有效交流非常有帮助。

(3)尊重自己和他人讨论的权利,积极主动参加讨论,勇敢表达自己的观点。在参加小组讨论时,发表观点是自己应有的权利,也是每一位成员的权利,相互之间都应得到尊重。小组学习活动中,每一个成员的观点无论对错,在发表时是公平的。同时,在小组讨论或者班级讨论过程中,个人观点对于形成小组总体意见是一种重要贡献。只有组内每位成员都对研讨问题发表意见,才能经过讨论提炼,形成综合性的意见。因此,学生要积极主动参加讨论,并勇敢地发表自己的观点。

（4）倾听同学发表的意见和观点。倾听同学的观点，一方面是基于他们的表达判断他们所形成的意见是否有合理的依据，另一方面是对同学发表意见权利的尊重。讨论的目的不是分出同学之间的高下，而是在充分交流的基础上形成关于知识的客观认识。不同的观点，无论是正确还是错误，都提供了观察问题不同的角度和思路，对于学习是有益处的。尤其是学习错误案例可以避免自己犯同样的错误，从而改进自己的学习。

（5）意见一致时让思考更全面。在发表意见时，如果已有同学分享了类似的意见，此时不宜直接讲和某位同学的意见是相似的。可以在表达"意见是相似的"基础上，合理应变，并提出自己和前面意见的差异，使小组最终形成的意见更全面。

（6）形成相互尊重的讨论氛围。当和其他同学的意见相反时，要尊重同学讨论和发表的权利，并反思自己在形成意见的过程中是否遗漏了信息。当认为同学的观点是错误的时候，要依据事实，有理有据地指出存在的问题并进行讨论，不能奚落和歧视与自己持相反观点的同学。

（7）改变自己或者说服别人。讨论过程是学生练习使用批判性思维的过程，在这个过程中参与人通过积极严谨的分析与评价，就某个事实形成合理认识。在最终形成结论时，不论自己原来的立场是正确的还是错误的，都应该依据事实形成结论，说服对方或者改变自己做出新的决策，形成更高层次的推理结论或者批判性认识。

（8）合理争论，避免争吵。争论是以事实为基础进行是非的辩论，而争吵是以声音的高低得出输赢。学习中讨论的目的是"辩是非"而不是"争输赢"。具有不同观点的人在讨论中就某个问题通过对事实的分辨，形成比个人意见更深刻和更准确的理解，是达到更好学习效果的途径。在讨论中避免产生对立情绪，无论是在论证中处于防守还是反攻位置，都要以尊重他人的态度有理有据地举证说明，既小心又有耐心地处理与同学存在最大分歧的地方，避免简单的反驳和没有理由的胡搅蛮缠。

（9）讨论时围绕主题，发散思维的过程中不宜离题太远。课程的学习时间是有限的，应该把有限的时间用于有效学习之中，在讨论时避免讨论无关的问题，或者离主题太远的问题。

　　讨论和交流的技能与提问的技能一样,经过多次练习会得到提升。学生要在小组研讨和课堂讨论中,积极发挥自己的主动性,勇敢地发表自己的意见。小组交流过程中,要有理有力地讨论,尊重事实,明辨是非,不断提高交流讨论能力,为更好地开展学习打好基础。

翻转课堂模式的量子力学课前引导问题

本章介绍在量子力学教学过程中,依据周世勋所著《量子力学教程》(高等教育出版社,2009 年)所编写的引导式讨论问题。本章所列的用于各章节的引导式讨论问题主要用于学生在课前预习讨论,部分具有较大综合性或一定难度的问题,可以用于课堂上组织学生进行主题式讨论。我们将按照教材的章节进行引导问题的排列,方便师生在教学过程中使用。对于难度较大的问题,或学生不容易通过讨论活动获得答案的问题,用★符号进行标记。

受学时所限,对《量子力学教程》第五章 5～9 节、第六章散射和第八章量子力学若干进展部分的教学,本书将结合教学实际适当进行弱化或不再提供相关章节的引导学习问题。

另外,需要说明的是,对课程的课前引导学习问题,与学生的已有知识能力和学习能力有关。教师和学生可以在本书提供的引导问题的基础上进行调整,欢迎各位教师和学生通过网络进行反馈。

在线反馈地址:https://wj.qq.com/s2/5851677/0b81/

或通过扫描下方二维码进行反馈:

5.1　绪论部分

本章主要通过与早期量子论建立有关的重要实验,介绍量子论发展过程中的重要节点,以及针对经典物理在解决微观物理问题时所遇到的困难,普朗克、爱因斯坦、玻尔、德布罗意等物理学家在微观物理方面所做出的奠基性工作。通过本章知识的学习,认识量子力学形成和发展的历史,并理解和掌握与核心量子观念形成相关的实验解释。学习时请参考以下学习目标:

（1）通过对早期量子论形成过程中关键实验的学习,认识经典物理对解释微观领域物理现象的局限性,以及量子观念形成和发展过程中的关键环节对量子论发展的启示和重要作用。

（2）理解微观粒子具有波粒二象性的本质特征,及联系微观粒子波粒二象性的能量（动量）与频率（波矢）关系的物理意义。

（3）掌握本章教学内容中实验所观察到的主要现象以及对实验现象的解释,理解它们如何启发或验证量子观念。

（4）结合物理学史对早期量子论的介绍,理解物理学发展过程中以实验事实为基础进行开拓创新的科学发展精神。

5.1.1　经典物理学的困难（量子前夜）

（1）在 19 世纪末期,为什么人们认为物理理论已发展到相当完善的阶段?

（2）是什么使人们意识到把 19 世纪末期的物理学理论作为"终极理论"是错误的?（或当时的所谓经典"终极理论"在解决新现象时遇到了什么困难?）

（3）调研和阅读物理学史，说明在 20 世纪 20 年代初量子力学发展过程中体现的创新精神，并选择一个案例在课堂上分享。

5.1.2 光的波粒二象性（论"颗"数的光——光的"双面"本质）

（1）参考物理学史，理解对光的波动性和粒子性认识过程，说明人们在认识光的波动性和粒子性时抓住了哪些主要特征？并说明什么是光的波动性，什么是光的粒子性？

（2）在上一个问题的基础上，介绍人们对光的波动性和粒子性的争论。

（3）哪些著名的实验对确立光的粒子性具有重要意义？

黑体辐射现象及解释
（4）什么是理想黑体？什么是黑体辐射？黑体辐射具有什么特征？

（5）黑体辐射现象对经典物理提出了什么挑战？

（6）普朗克如何解释黑体辐射谱线？他如何突破经典辐射理论认识，对形成量子观念有什么贡献？

光电效应现象及爱因斯坦解释

（7）什么是光电效应现象？在光电效应中，人们能观察到哪些主要现象？

（8）光电效应现象对物理经典理论提出了什么挑战？

（9）爱因斯坦如何解释光电效应？如何理解爱因斯坦的光量子假说中光具有粒子性？

（10）如何从光子的能量动量与频率波矢之间的关系，即方程（1.2.3）、（1.2.4）和（1.2.5），理解爱因斯坦所提出的光子概念既具有波动性又具有粒子性？

（11）★思考并介绍光电效应现象发生的关键是什么？实验中所用的材料是否可以更换？如何更换？

（12）★如何从光与原子的相互作用理解光电效应过程的物理本质？

康普顿效应及其对光子假说的验证

（13）什么是康普顿-吴效应？康普顿-吴效应中有哪些关键实验现象？

（14）从理论上解释康普顿散射中实验现象的关键物理是什么？

（15）如何理解康普顿-吴效应证实了普朗克和爱因斯坦对光具有粒子性的假设是正确的？

（16）如何理解宏观现象与微观现象的界限？

（17）基于光的波粒二象性，如何理解光既不是很传统的波，也不是传统的粒子？

（18）★如何从光与电子的相互作用理解康普顿-吴效应过程的物理本质？

思考与调研

（19）★是否有无限接近理想黑体的材料？请调研并说明。

（20）★结合现代技术及研究进展，讨论如果光子的能量低于电子的结合能，是否能观察到光电效应现象？

（21）★如果利用高能电子撞击光子，试根据能量与动量守恒定律从定性和定量两个方面分析光子和电子能量如何变化？

（22）★如何基于实验事实理解光具有波粒二象性的本质？

(23) ★调研吴有训对康普顿-吴效应研究的贡献,并做简要介绍。

(24) ★对本节关于光具有波粒二象性的认识制作思维导图,要求列出波动性和粒子性的关键实验或解释,以及作出重要贡献的相关物理学家。

5.1.3 原子结构的玻尔理论(小电子、大迷局)

(1) 经典物理在建立原子结构理论时遇到什么困难?

(2) 玻尔原子假设的主要内容是什么? 它们是如何克服经典理论困难的?

(3) 作为早期量子理论,玻尔的量子化条件是什么? 存在什么不足?

(4) 索末菲推广的量子化条件是什么? 相对玻尔量子化条件具有什么优点?

（5）玻尔和索末菲量子化理论的优点是什么？缺陷和不足是什么？产生缺陷和不足的原因是什么？

（6）基于原子结构的理论，以及光波粒二象性的本质揭示，如何深入理解微粒的性质？

（7）★调研玻尔和索末菲对量子论发展的贡献，并做课堂介绍。

5.1.4　微粒的波粒二象性（电子原来走"迷踪步"）

（1）德布罗意如何在微粒性质中引入波动性？

（2）联系微粒粒子性和波动性的德布罗意关系是什么？

（3）为什么自由粒子的波动性可以用平面波函数描述？

（4）什么是德布罗意物质波？物质波的德布罗意波长如何计算？

（5）为什么物质波长期以来未被发现？

（6）如果验证德布罗意波，在实验设计上应注意哪些要点？

（7）戴维孙-革末实验设置的要点是什么？为什么戴维孙-革末实验证明了电子具有波动性？

（8）除了戴维孙-革末实验，还有那些实验结果可以验证电子具有波动性？主要利用了波动性的哪个本质特征？

（9）验证微粒具有波动性实验的主要共同特征是什么？

5.1.5　本章总结与反思(波粒二象性是微观粒子的本质)

（1）列出本章介绍的重要实验的实验现象、实验特点、实验结果，与经典理论的冲突，列出量子假设对经典物理无法解释的实验现象的解释，以及新的实验对量子假设的验证。

（2）阅读物理学史中关于早期量子理论的形成过程，及相关物理学家的贡献（包含理论和实验两个方面）。

（3）物质波具有干涉和衍射的现象，思考物质波所描述的是一种什么波？

（4）★从方程（1.2.3）和（1.2.4）得出的过程，试说明量子论的使用范围？

（5）★通过对波粒二象性的认识，理解早期量子论的重要实验事实和理论假说，体会和反思其中蕴含的重要物理方法和哲学思想。

（6）★结合对光和物质相互作用方式的调研，介绍光与物质相互作用的主要形式及主要特征。

（7）★结合对微粒的波粒二象性认识的进展,以微粒性质的认识制作思维导图,要求列出相关的关键实验或解释,以及作出重要贡献的相关物理学家。

5.2　波函数和薛定谔方程

本章主要学习量子力学的波函数统计解释、态叠加原理、连续性方程与守恒定律、薛定谔方程基本假设,并利用定态薛定谔方程和波函数的标准条件求解一维无限深势阱、谐振子和势垒散射问题。结合对波函数的统计解释和态叠加原理,引入坐标、动量和能量算符,构建薛定谔方程,形成量子力学波函数的运动方程。学习时请参考以下学习目标:

（1）理解波函数统计解释假说及态叠加原理的物理意义,掌握波函数标准条件,并能够在典型体系的波函数求解过程中应用波函数的标准条件选择合理的波函数。

（2）了解动量算符和能量算符的构建方法,理解薛定谔方程作为量子力学基本假设的意义。

（3）结合连续性方程理解量子力学中的概率守恒与由此得出的能量、质量和电荷守恒,以及对波函数的限制（波函数标准条件）。

（4）理解定态薛定谔方程的成立条件,并能够利用定态薛定谔方程求解典型体系的能级、波函数和宇称等性质。

（5）结合势垒贯穿的求解过程,理解量子隧道现象以及影响量子隧穿概率的因素。

（6）结合本章主要知识结论,联系科技前沿知识,初步解释其中包含的量子力学规律。

5.2.1　波函数的统计解释(量子态函数描述的是概率分布)

概率波：　物质波与描述微粒的关系

(1) 描述微观粒子的波函数是什么？

(2) 如何理解波函数与所描述的粒子性质之间的关系？

(3) 如何理解粒子衍射图像与其他粒子无关,即衍射图样不是由粒子相互作用引起的？(注意与经典波动理论中衍射物理机制区分)

(4) 波恩的波函数解释如何理解电子衍射图样？(①电子流强很大时;②电子流强很弱时)

(5) 如何理解微粒的波函数是描述概率的概率波？

(6) 如何基于波函数的统计解释理解衍射实验中的衍射图样？

(7) 概率波与经典波的不同之处是什么？

(8) 经典物理与量子力学描述物体状态的区别是什么？

(9) 如何理解量子波函数和经典波函数的差异（振幅、能量）？

波函数的数学描述方法

(10) 什么是概率密度？概率密度的物理意义是什么？

(11) 什么是波函数的归一化？波函数的归一化条件是什么？什么是归一化系数（因子）？

(12) 如何理解归一化波函数的相因子？

(13) 是否所有波函数都可以归一化？如何理解相对概率密度？

5.2.2　态叠加原理(用概率方法解释量子态的叠加)

(1) 在一个态函数中,力学量的可能取值情况如何?

(2) 量子力学中微观粒子量子状态的描述方式与经典方式完全不同的原因是什么?

(3) 经典物理中,波的叠加原理是什么? 会导致什么结果?

(4) 如何根据粒子双缝衍射的实验现象理解量子状态的态叠加原理?

(5) 干涉项在波函数的叠加中具有什么意义?

(6) 如何根据态叠加原理理解电子在晶体上的衍射实验结果?

(7) 如何理解空间波函数与动量波函数之间的关系?

(8) ★对于一个体系,它的空间波函数和动量波函数是否描述同一个态?

(9) ★如何理解一个体系的空间波函数和动量波函数互为傅里叶变换? 这是否意味着二者代表同一个态?

5.2.3　薛定谔方程(与经典力学 $F=ma$ 地位相当的量子力学基本假设)

(1) 在建立薛定谔方程时,波函数的性质对其提出了什么限制?

(2) 如何理解通过自由粒子波函数性质构造它所满足的薛定谔方程?

(3) 建立薛定谔方程的过程中,利用了(自由)粒子的能量和动量关系,这对薛定谔方程的应用范围可能产生什么限制?

（4）能量算符和动量算符的形式是什么？为什么得出薛定谔方程的过程称为"建立"而不是"推导"？

（5）为什么自由粒子波函数用复数形式而不用三角函数表示？

（6）如何检验薛定谔方程的正确性？

（7）多粒子体系的薛定谔方程形式是什么？如何构建？

（8）★自由粒子的平面波函数是否具有确定的动量？如何理解？结合已学知识谈谈你的认识。

（9）★为什么说本书所建立的薛定谔方程是"非相对论"的？它的使用范围是什么？

5.2.4 粒子流密度和粒子数守恒定律（概率流规律）

（1）如何根据波函数 $\Psi(x, t)$ 的概率密度，得到其连续性方程？

（2）为什么 J 被称为概率流密度矢量？它具有什么意义？

（3）如何根据式(2.4.8)理解微观体系的粒子数守恒定律？

（4）如何根据微观体系的粒子数守恒定律得到其质量守恒定律和电荷守恒定律？

（5）微观体系的粒子数、质量和电荷守恒定律的适用条件是什么？

（6）根据微观粒子的连续性方程，可以得到波函数的标准条件的内容是什么？

（7）★如何根据波函数的连续性方程理解波函数标准条件中的连续性？

5.2.5　定态薛定谔方程(解答即提供定态系统的信息)

（1）哪些体系可以得出定态薛定谔方程？试根据得出过程，说明得出定态薛定谔方程的关键是什么？

（2）如何理解定态薛定谔方程是体系的能量本征方程，并可以给出体系的可能能量？

（3）如何理解定态薛定谔方程的空间波函数不随时间变化？如何理解在定态波函数中，粒子的能量具有确定值，并不随时间改变？

（4）★对一个粒子，如果把它的两个能量不同的定态波函数进行线性叠加，所得的波函数是否仍然是描述这个体系的波函数？是否仍然是描述体系的定态波函数？在叠加的波函数中，能量如何取值？

5.2.6　一维无限深方势阱（简单又直观的量子问题）

（1）一维无限深势阱体系中粒子的特点是什么？★有哪些物理场景可以视为一维无限深势阱问题？

（2）★从物理直观考虑，你认为对称的一维无限深势阱与不对称势阱中粒子的波函数可能具有什么样的特征？

（3）一维无限深势阱中粒子的薛定谔方程形式是什么？

（4）如何利用波函数的标准条件限定约束一维无限深势阱的波函数？

（5）如何根据物理意义取舍一维无限深势阱问题中粒子的波函数？

（6）根据本节所求的一维无限深势阱中粒子的波函数，验证问题 2.6（2）的猜测。★（对称性）如何理解一维无限深势阱中粒子波函数的对称性？

（7）一维无限深势阱中粒子的能量表达式是什么？它与什么有关？

（8）如何理解一维无限深势阱中粒子波函数的传播？以及波函数的驻波特点？

（9）什么是束缚态？束缚态与体系的能级分立性有什么关联？

（10）根据图 2.2 和 2.3 理解在一维无限深势阱中，随着能级 n 的增加，粒子的波函数和概率密度分布特点是什么？

5.2.7　线性谐振子(量子重要模型)

（1）什么是线性谐振子，经典物理中线性谐振子运动的特点是什么？

（2）举例说明为什么物理学中线性谐振子具有非常重要的作用？

（3）量子力学中线性谐振子的薛定谔方程形式是什么？其形式是否与坐标系有关？如何理解？

（4）说明在线性谐振子问题中，求解薛定谔方程得到能量和波函数过程中的关键点和相关假设对结果的影响。

（5）根据式(2.7.8)，分析线性谐振子体系的能级具有哪些特点？如何理解该结果对普朗克假设的验证情况？

（6）如何理解线性谐振子的零点能及其物理应用？

（7）根据厄米多项式的传递性质说明不同能级的波函数之间的递推关系？

（8）★如何根据式(2.7.19)和式(2.7.20)理解线性谐振子波函数的宇称性质？

（9）根据教材中图 2.6 和图 2.7，如何理解线性谐振子随能级增加，波函数变化的特点以及概率密度的变化特点？

（10）如何理解量子力学和经典力学中线性谐振子的异同性？

（11）★在一个体系中，假设图 2.4 中的粒子离 a 位置比较远，此时的体系波函数是否还具有奇偶性？

（12）★如何理解受约束（势阱等）的微观粒子体系的量子特征？

（13）如何根据式(2.7.16)理解线性谐振子波函数的性质？

5.2.8　势垒贯穿（量子穿墙术的物理秘密）

（1）对量子体系来说，系统的能量是否都是分立的？

（2）散射问题中，势函数与势阱的形式有什么不同？

（3）在势垒问题中,经典物理的物体运动特点是什么? 在量子现象中,粒子与势垒的作用与经典物理有什么不同?

（4）了解散射问题的求解过程,根据该过程,如何理解势垒中的透射现象和反射现象?

（5）请结合式（2.8.11）和式（2.8.12）,以及式（2.8.13）、式（2.8.14）,谈一谈如何理解透射系数、反射系数?

（6）根据入射粒子的能量 $E > U_0$ 和 $E < U_0$ 两种不同情况,说明粒子在势垒上运动的异同点。

（7）当入射粒子的能量 $E < U_0$ 时,如何理解可以在势垒后发现粒子的现象?

（8）什么是量子隧道效应? 试根据势垒的物理参数不同,说明量子隧道效应如何受具体势垒情况的影响?

(9) 哪些物理现象与量子隧道效应有关？势垒贯穿中透射系数与哪些因素有关？这些因素是如何影响透射系数的？

(10) ★如何理解量子隧道效应中存在的粒子负动能现象？

(11) ★根据量子隧道效应，说明扫描隧道显微镜的原理。

5.2.9　例题解释

(1) 理解例题 1 中从波函数提取动量信息的方法、结果所具有的物理意义，以及概念辨析，体会体系的波粒二象性的性质。

(2) 对比例题 1 和 2.6 节一维无限深势阱的能级与波函数的特点，说明其异同点。

(3) 体会如果量子体系发生突然变化后，体系的状态波函数的变化方式（即从一个体系的波函数如何寻找另外一个体系的状态信息）。

（4）例题 1 和例题 2 都蕴含了量子力学中的基本原理：波函数包含了体系的一切信息。阐述你对此观点的认识和其中所使用方法的理解。

（5）★结合波函数标准条件中连续性的意义，体会例 3 中波函数微分函数不连续的物理意义。

（6）★求解证明习题 2.6（在关于原点对称的一维势场 $U(-x) = U(x)$ 中运动的粒子的定态波函数具有确定的宇称），并理解其物理意义；该波函数的宇称是否随时间改变（即宇称是否守恒）？

5.2.10　章节总结与反思

（1）量子力学用什么描述微观体系的状态？什么是量子力学的态叠加原理？

（2）★ $\Psi = \sum \phi_n$，如果 ϕ_n 是正交归一且完备的，如何结合该式理解态叠加原理（参考第四章内容）？

（3）如何理解薛定谔方程是量子力学的基本假设？

（4）定态体系的波函数具有什么样的特征？

（5）如何理解波函数的标准条件？

（6）如何理解概率流密度与概率密度满足连续性方程？

（7）★什么是量子纠缠，如何理解量子纠缠的物理原理？

（8）以薛定谔方程假设为主题，建立本章知识的思维导图。

5.3　量子力学中的力学量

　　力学量的算符化，即力学量算符假设是量子力学的核心基本原理。本章在已经学习了薛定谔方程的基础上，进一步明确量子力学中的力学量假设。通过引入力学量算符化的一般规则，讨论量子力学中力学量算符之间的关系,以及在力学量算符对易时产生的力学量可确定性,与力学量不对易时产生的力学量测不准关系;通过讨论力学量与体系哈密顿算符的对易关系,研究体系的力学守恒量。学习时请参考以下教学目标:

(1) 理解量子力学中算符假设的基本内容,理解算符与力学量之间的关系,及力学量算符本征态的性质。

(2) 理解量子力学中算符之间的对易关系,及对力学量同时具有确定值的条件限制和不确定关系。

(3) 结合力学量期望值随时间变化的规律,理解量子力学中力学量守恒定律发生的条件及其物理意义。

(4) 结合中心力场问题的求解,理解氢原子的量子性质。

5.3.1　表示量子力学量的算符(算符的基本性质)

(1) 量子力学中为什么要引入力学量算符?

(2) 什么是算符? 算符有哪些作用和性质?

(3) 算符的关系比较中,为什么强调任意函数?(或者验证算符的关系过程中,任意函数的作用是什么?)

(4) 单位算符的性质和意义是什么?

（5）两个算符之间存在三种关系分别是什么？

（6）★对易与反对易算符的形式是什么？与粒子的费米统计和玻色统计属性有什么关系？

（7）如果两个算符作用在一个函数上相等，则两个算符等价，试判断该论断是否正确？

（8）算符和它的逆算符满足什么关系？

（9）算符的复共轭、转置和厄米共轭性质之间的关系是什么？

（10）两个函数的内积是什么？

（11）厄米算符有什么特殊性？

（12）如何理解算符的本征方程、本征值和本征函数之间的关系？

（13）量子力学中力学量算符的引入规则是什么（算符假设部分内容）？如何理解量子力学中力学量算符与它表示的力学量之间的关系？（算符假设的推广或一般方法）

（14）如何判断一个算符是否是力学量算符？（满足什么属性的算符是力学量算符）？

（15）为什么厄米算符（力学量算符）的本征值必须是实数？

（16）力学量算符的本征函数是否必须是有限函数？

（17）★（思考）量子力学中的算符是否都是力学量算符？量子力学中的力学量算符是否和经典力学一样，都需要通过位置和动量算符表达？

（18）★如何理解本节关于力学量算符假设的内容？①算符的引入方法；②算符的性质；③算符的本征态和本征值，以及本征方程的关系？

5.3.2　动量算符和角动量算符(两个重要的力学量算符)

（1）动量算符本征方程中，本征函数和本征值如何求解？

（2）什么是箱归一化方法？是否有接近的物理案例？

（3）如何理解箱归一化得到动量的取值为分立值？以及箱体宽度对动量可能取值的影响？设想一个实际物理模型并利用该结论做简单说明。

（4）如何理解箱归一化（周期性边界条件）限制下动量本征函数可被归一化到 1 而不是 δ 函数？

（5）理解角动量算符的三个分量表达形式和角动量平方的表达形式。

(6) 理解 L^2 的本征值取值范围、取值与磁量子数。

(7) 什么是波函数的简并现象和简并度？如何理解 L^2 本征值对应本征函数的简并情况？

(8) 极坐标中 L_z 的本征方程、本征值与本征函数分别是什么？

(9) 如何理解 L^2 和 L_z 有共同的本征函数 $Y_{lm}(\theta, \phi)$？尝试说明不同力学量在同一个态中是否能够同时具有确定的值。

(10) 根据球谐函数理解 s、p、d、f 等态的概率密度分布形式。

5.3.3 电子在库仑场中的运动(氢原子的理想模型)

(1)（类）氢体系中,以核为坐标原点,电子所受核吸引势具有什么特点？体系的哈密顿算符和本征值方程分别是什么？

（2）球极坐标中，按照哈密顿量的特点，波函数可以分解为哪两个部分？哈密顿本征方程被分解成的径向方程和角向方程各有什么特点？

（3）根据径向方程，$E > 0$ 和 $E < 0$ 的体系能谱分别对应什么情况？

（4）结合第二章的知识，说明为什么 $E < 0$ 时，能量具有分立值？

（5）理解径向方程的求解过程，并说明求解过程中用到了哪些物理近似？

（6）径向量子数和主量子数的关系和取值范围是什么？

（7）根据（类）氢原子的能量本征值结果，说明束缚态能量如何变化。

（8）什么是玻尔半径，它的物理意义是什么？★调研玻尔半径在精密测量中有什么应用？

（9）库仑场中运动电子束缚态的定态波函数形式是什么？

（10）对应能级 E_n，库仑场中电子的波函数简并度如何？说明氢原子和碱金属原子价电子对能级简并的不同之处和原因。

（11）思考并说明类氢原子与碱金属价电子能级简并情况的异同及其形成原因。

5.3.4 氢原子(真实氢原子问题的解决)

（1）与库仑场中电子的运动特点相比，氢原子具有哪些特殊性？在研究氢原子的能量和体系波函数时，需要如何处理？

（2）结合实际情况与体系波函数的特点，氢原子的运动可以分解为哪两部分运动？分别具有哪些特点？

（3）氢原子体系的质心运动具有什么特点？

（4）电子相对于核的运动有什么特点？其能级是什么？随能级增加，电子的能级具有什么变化行为？

（5）如何根据氢原子的能级理解其电子的电离能？

（6）如何根据氢原子的电子结合能理解电子在不同能级间变化（辐射）时的光谱结构（巴耳末公式）？

（7）如何理解在空间中找到氢原子电子的概率？如何理解在玻尔半径处找到电子概率最大及其基态稳定性？

（8）根据图 3.5，理解并说明 s、p、d、f 电子的角分布图像特点是什么？

5.3.5 厄米算符本征函数的正交性（量子力学算符假设之正交性）

（1）什么是本征函数的正交性？

（2）证明厄米算符属于不同本征值的两个本征函数正交，说明这一定理对本征值分立或连续的适用情况。

（3）什么是正交归一系？

（4）如果某本征值对应的本征函数是 f 度简并的，如何构造正交归一化本征函数？

（5）以线性谐振子的能量本征函数、角动量算符分量 L_z 的本征函数、氢原子的波函数、一维无限深势阱的能量本征函数为例，说明它们满足正交归一化条件（组成正交归一系）。

5.3.6　算符与力学量的关系(量子力学算符假设之完全性)

(1) 课程学习到目前为止,量子力学算符假设有什么不足?

(2) 如何理解厄米算符本征函数 $\phi_n(x)$ 的完全性? 根据 $\phi_n(x)$ 的正交归一性,如何计算任意函数 $\psi(x)$ 对 $\phi_n(x)$ 的展开系数 c_n?

(3) 如何理解归一化波函数 $\Psi(x)$ 按 $\phi_n(x)$ 的展开系数 c_n 的绝对值平方之和等于 1?

(4) 如何理解 c_n 的概率意义?

(5) 什么是量子力学的算符假设? (包括算符化规则、力学量希尔伯特空间的正交归一性和完全性)

(6) 如何根据算符假设的内容理解量子力学的波函数统计解释和态叠加原理?

（7）如何理解量子力学的态函数包含了体系的所有（力学量）信息？

（8）什么是力学量的期望值？如何表达？

（9）如何在任意态中得到力学量 F 的期望值？

（10）对任意态 $\boldsymbol{\Psi}(x)$，如何利用力学量的本征值表达力学量在态中的期望值？

（11）求氢原子基态电子动量的概率分布，并理解根据已知状态求解力学量可能取值及其概率的方法。结合该例题，再次理解量子力学中态函数包含了体系的所有（力学量）信息。

5.3.7 算符的对易性 两力学量同时具有确定值的条件 不确定关系（量子核心）

（1）结合位置算符 x 和动量算符 $\boldsymbol{p}_x$ 的运算交换关系，说明量子力学中力学量的对易关系。

（2）讨论坐标算符和动量算符分量之间的对易关系。

（3）讨论角动量算符分量之间的对易关系，并根据其对易关系讨论角动量算符的矢量定义形式和其通用性。

（4）讨论角动量算符分量与角动量平方算符的对易关系。

（5）证明"如果两个算符有一组共同的本征函数 ϕ_n，并且 ϕ_n 组成完全系，则这两个算符对易"这一定理，及其反定理。将该定理推广到两个以上算符。

（6）动量算符分量相互对易，所以它们有共同的本征函数 ϕ_p，并且 ϕ_p 组成完全系。在态 ϕ_p 中，动量算符的分量同时具有确定值 p_x、p_y、p_z。如何理解上述论断？

（7）如何理解氢原子的定态波函数 Ψ_{nlm} 中，H、L^2、L_z 同时具有确定值？

（8）什么是量子体系的力学量完全集？如何完全确定量子体系所处的状态？如何确定力学量完全集中力学量的个数？

（9）简述普朗克常数在区分经典和量子现象中的作用。

（10）如果两个力学量算符不对易,根据其对易子的期望值,讨论二者之间的均方差关系。

（11）如何根据力学量算符的不对易关系理解量子力学的不确定关系或测不准关系？

（12）根据力学量算符的测不准关系原理,解释动量和坐标的测不准关系,并尝试根据该原理,理解微观粒子的波粒二象性。

（13）根据坐标和动量的测不准关系,解释势垒贯穿时在势垒内动能为负值的现象,并进行定量分析。

（14）解释线性谐振子的零点能现象，并结合课本推导过程说明结论。

（15）说明角动量分量之间的不确定关系，并计算 Y_{lm} 态中 L_x 和 L_y 的不确定关系随 m 的变化。

（16）尝试理解不确定关系反映了微观粒子的波粒二象性。

（17）★试根据量子力学算符的对易关系，理解量子力学中测量体系力学量性质的结果和意义。

（18）★如何理解不确定关系是量子力学的基本关系？

5.3.8　力学量期望值随时间的变化　守恒定律(守恒律在力学量对易上的体现)

（1）定态中，力学量的期望值是否随时间变化？

（2）随时间变化的态函数 $\boldsymbol{\Psi}(x, t)$ 中，讨论力学量 $\boldsymbol{F}$ 的期望值随时间的变化规律。

（3）由式（3.8.1）推导至式（3.8.6），并体会这一过程中力学量期望值随时间变化与系统哈密顿量的依赖关系。

（4）如果力学量 $\boldsymbol{F}$ 不显含时间，根据式（3.8.6）讨论力学量 $\boldsymbol{F}$ 与系统哈密顿量 $\boldsymbol{H}$ 对易时的结论。

（5）什么是运动恒量？它们在运动中具有什么特点？

（6）什么是宇称算符，它的本征值是什么？波函数的奇宇称和偶宇称分别具有什么空间交换性质？

（7）证明自由粒子的动量、中心力场中粒子的角动量、不含时间系统的哈密顿量、哈密顿对空间反演对称时，相应力学量为运动恒量，且系统分别具有动量守恒、角动量守恒、能量守恒、宇称守恒性质。

（8）根据宇称守恒性质，解释为什么一维对称无限深势阱的波函数奇偶性不随时间变化？

（9）举一个实例，说明其系统特点，并阐述其满足宇称守恒定律。

（10）★在什么情况下，系统会发生宇称守恒的破缺现象？

（11）如何理解量子力学中由不可观察量的对称性所导致的可观察量的守恒定律？

（12）★在量子力学中，体系波函数是否一定具有确定的奇偶性，并且保持宇称守恒？

（13）★李政道和杨振宁结合实验现象分析，提出在弱相互作用过程中宇称守恒发生破缺，并得到了吴健雄^{60}Co β 衰变实验的验证。试从量子力学原理推测和解释这一现象发生的可能物理原因。

5.3.9 章节总结与反思

（1）如何理解量子力学中力学量算符假设？

（2）介绍量子力学中的典型力学量算符及其本征值和本征函数。

（3）两个力学量算符在对易和不对易的情况下，分别可以得出什么不同的物理结果？

（4）如何根据不确定关系，估算微观粒子的基本物理量值的范围？

（5）★目前所学量子力学的基本假设中，哪一个处于核心地位？为什么？

（6）以力学量算符及其关系为主题，制作思维导图。

5.4　态和力学量的表象

　　本章主要学习量子力学中态、力学量和运算关系的表达形式。在第一章和第二章学习了量子力学、波动力学的表达方式：在力学量本征函数所组成的希尔伯特空间中，可以表述任意态函数和力学量，及量子力学中方程、期望值等的运算关系。在本章中将学习量子力学的矩阵力学表示方式，即通过矩阵来表示态、力学量和运算关系。态、力学量和运算关系在不同表象之间的变化也是本章的重要内容。另外，本章还将介绍无表象表示的狄拉克符号表示法和基于线性谐振子本征函数的占有数表象。在学习时请参考以下教学目标：

　　（1）理解力学量表象的构成方式，掌握量子态、力学量算符、公式在力学量表象中的表示形式及物理意义。

　　（2）掌握表象变化的幺正性质和方法。

　　（3）掌握狄拉克符号的表示方法和表象变化表示方法。

　　（4）理解占有数表象的构造方法，并掌握粒子数算符的运算关系。

5.4.1　态的表象(态是矩阵,表象是力学量本征矢量构成的空间)

(1) 如何理解力学量表象?

(2) 波函数用(x, y, z)表示时,使用了什么表象?

(3) 同一个态的波函数是否具有不同的形式?

(4) 如何理解动量本征函数在坐标表象和动量表象的不同表达形式,及其相互变换方式?

(5) 任意波函数 $\boldsymbol{\Psi}(x, t)$按照动量本征函数完备集 $\boldsymbol{\phi}_p(x)$展开后得到 $c(p, t)$, $\boldsymbol{\Psi}(x, t)$和$c(p, t)$有什么不同? 它们是否描述相同的体系状态? 如何理解二者的关系?

(6) 如何理解坐标算符和动量算符在自身表象中的本征函数是 δ 函数?

（7）根据上述内容,理解量子力学中力学量算符和态函数在不同表象中具有不同的形式。

（8）猜测什么是任意力学量 Q 的表象?

（9）力学量 Q 的本征函数 $\{Q_1,Q_2,\cdots,Q_n\}$ 具有正交性,对于任意态函数 $\boldsymbol{\Psi}(x,t)$,其与 Q_n、Q_n^* 的内积 $a_n(t)$ 分别有什么关系?

（10）任意态函数 $\boldsymbol{\Psi}(x,t)$ 按照 $\{Q_n\}$ 展开后,展开系数 $a_n(t)$ 与 $\boldsymbol{\Psi}(x,t)$ 具有一样的归一化性质,如何理解这一结果?

（11）如何理解 $a_n(t)$ 的物理意义?

（12）如何理解式(4.1.11)和式(4.1.12)的物理意义?

（13）如何理解 Q 的本征函数既有分离态又有连续态时，展开系数 $a_n(t)$ 的物理意义？

（14）如何理解同一个态在不同表象中用波函数描写，表象不同，波函数的形式不同，但它们描述同一个态？

（15）如何理解态函数称为态矢量？如何理解 Q 表象中本征函数 Q_n 称为表象的基矢？

（16）什么是希尔伯特（Hilbert）空间？希尔伯特空间具有什么样的特点？

（17）说明坐标表象、动量表象、能量表象和角动量表象的基矢函数及对应基矢的相应力学量取值的特点。

5.4.2　算符的矩阵表示(海森堡的杰出作品)

(1) 量子力学的算符具有什么作用?

(2) 如何理解任意力学量 F 在力学量 Q 的表象中用矩阵表示? 结合式(4.2.1)～式(4.2.5)理解矩阵元 F_{nm} 的计算方法。

(3) 力学量 F 在 Q 表象中的矩阵表示仅与 Q 表象的基矢有关,而与力学量 F 作用的态函数无关,试讨论该论断是否正确。

(4) 式(4.2.1)和式(4.2.6)分别具有什么物理意义?

(5) 理解式(4.2.7)中 ϕ、Ψ 和 F 均是相应波函数和力学量在 Q 表象中的矩阵表示。

(6) 什么是厄米矩阵? 证明表示力学量算符 F 的矩阵是厄米矩阵。

(7)（根据力学量矩阵元的定义）证明在力学量 Q 的自身表象中，表示力学量 Q 的矩阵是对角矩阵（无论其本征值是分立还是连续的）。

5.4.3 量子力学公式的矩阵表示（公式运算也是矩阵运算）

(1) 根据态和力学量算符的矩阵表示，逐步写出在 Q 表象中力学量 F 在态 $\Psi(x, t)$ 的期望值公式及其简写式。

(2) 根据态和力学量算符的矩阵表示，逐步写出在 Q 表象中力学量 F 在本征态 $\Psi(x, t)$ 的本征方程及其简写式。

(3) 在任意力学量 Q 表象中，如何求解力学量 F 的本征值和本征函数？

(4) 对于任意态函数 $\Psi(x, t)$，写出其在 Q 表象中的薛定谔方程的矩阵表示及其简写式。

5.4.4　幺正变换(量子力学的空间变换性质)

（1）理解力学量在自身表象下,其力学量矩阵是对角矩阵这一结论对表象选取的意义。

（2）理解从式(4.4.1)到式(4.4.4)的波函数和力学量表示变换过程。

（3）证明表象变换矩阵 S 满足 $S^{\dagger}S = I$,以及 $S^{\dagger} = S^{-1}$。

（4）什么是幺正矩阵? 什么是幺正变换?

（5）幺正变换矩阵可以把量子态从一个力学量表象变换到另一个力学量表象,幺正变换矩阵是否是力学量矩阵?

（6）如何理解式(4.4.10)和式(4.4.13)的意义?

（7）证明幺正变换不改变力学量的本征值。

（8）证明幺正变换不改变矩阵 $\boldsymbol{F}$ 的迹（trace）。

5.4.5　狄拉克符号（量子力学的无表象表示方式）

（1）量子力学中，力学量和态是否需要用表象表示？如何理解这一判断？

（2）量子力学中规律是否随表象不同而变化？（量子力学中，在力学量 Q 自身表象中和其他力学量表象表示中，规律是否相同？规律的表现形式是否相同？）

（3）在狄拉克符号表示中，态和力学量的表示不依赖于具体的表象，这个论断是否正确？

（4）如何用狄拉克符号表示态矢量？在具体的力学量表象中，如何用狄拉克符号将之转换为无表象表示？

（5）如何用狄拉克符号表示共轭矢量？

（6）如何用狄拉克符号表示态函数之间的内积、正交性、归一性？

（7）如何用狄拉克符号表示本征方程？如何用狄拉克符号表示力学量本征函数的完备性？

（8）如何用狄拉克符号表示态的矩阵表示？

（9）本节中式（4.5.5）和式（4.5.6）之间有何联系？

（10）如何在狄拉克符号表示下，区分态矢量和态函数？

（11）如何理解本征矢的封闭性？（证明本征矢具有封闭性。）

（12）本征矢的封闭性对表象变换有什么作用？

（13）熟练使用狄拉克符号进行各式变换和公式表示。

5.4.6 线性谐振子与占有数表象(粒子数既可产生又可湮灭)

（1）★为什么称 a，$a^\dagger$ 是二次量子化？

（2）算符 a 和 $a^\dagger$ 是否是力学量算符？为什么？a 和 $a^\dagger$ 的对易关系是什么？

（3）a 与 $a^\dagger$ 对线性谐振子本征函数的作用关系是什么？

（4）为什么称 a 和 $a^\dagger$ 为粒子数湮灭和产生算符？如何理解其意义？

（5）什么是占有数表象？其具有什么特点？

（6）占有数表象中，粒子数湮灭和产生算符作用于基矢具有什么递推关系？湮灭和产生算符的矩阵表示是什么？

（7）$N = aa^\dagger$ 是否是力学量算符？如果是，它的本征方程如何用狄拉克符号表示？

（8）如何理解线性谐振子基矢 $|n>$ 与占有数表象中 $|n>$ 的关系？

（9）理解式（4.6.14）的递推关系和占有数表象下，a、$a^\dagger$ 式和 N 的矩阵表示。

5.4.7　章节总结与反思

（1）什么是表象？量子力学中态、力学量，以及方程在不同的表象之间如何变化？

(2) 幺正变换具有哪些性质?

(3) 占有数表象中,粒子数算符、粒子生成算符和湮灭算法具有哪些性质?

5.5 微扰理论

在前面四章内容的学习中,解决了一些能够精确求解的物理问题。在实际问题中,大量问题是不能精确求解的。借助量子力学的近似方法,可以使我们了解一些复杂物理情况下的系统信息。本章主要学习量子力学中的微扰方法和变分方法两种近似求解方法,并在此基础上解决一些实际物理问题。学习时请参考以下教学目标:

(1) 根据微扰理论的建立过程,掌握微扰理论的适用条件及微扰理论的应用方法。能够应用微扰方法求解量子力学的典型微扰近似问题。

(2) 理解变分方法的原理,及其对基态问题的求解过程。

5.5.1 非简并态微扰理论(巧妙的近似求解)

(1) 目前已学习和了解了哪些能够精确求解的微观体系问题?

(2) 量子力学中近似方法有哪些? 分别用于哪些方面问题的求解?

（3）处理微扰情况时，系统的哈密顿量及其本征值和本征态有什么特点？受微扰后的能量相对已知能量部分有什么变化？

（4）在非简并态微扰方法中，如何得出近似方程？

（5）在非简并态微扰方法中，能量的各级（到二级）近似方程是什么？主要物理量分别具有什么意义？

（6）在非简并微扰中，如何根据式（5.1.9），得出能量的一级修正？如何理解式（5.1.12）的物理意义？

（7）在非简并微扰方法中，波函数的一级修正具有什么形式？如何确定其在零级近似体系空间中的展开系数？

（8）根据式（5.1.18），如何理解零级近似体系能级和微扰量对一级修正函数的适用性？

（9）根据式（5.1.19），如何理解非简并态微扰方法中能量二级修正的形式以及影响因素？

（10）非简并体系中，微扰体系的能量是什么（到二级修正）？

（11）非简并体系中，微扰体系的波函数（到一级修正）是什么？

（12）根据式（5.1.22），理解微扰方法的适用条件。

（13）在库仑场中，不同能级状态时，微扰方法的适用性有何不同？

（14）根据例题理解带电量为 q 的线性谐振子在弱恒定电场（沿 x 方向）体系的定态能量和波函数求解过程。

（15）理解例题中结果和结论的意义。

5.5.2　简并情况下的微扰理论(打开能级简并)

(1) 为什么非简并微扰方法不适合简并态?

(2) 简并态处理微扰问题时,如何处理零级近似波函数?

(3) 简并态微扰方法中,能量的一级修正转化为求解微扰矩阵元的久期方程问题,尝试重复该方法的建立过程。

(4) 根据式(5.2.5)的结果,如何理解简并态在受微扰后消除?

5.5.3　氢原子的一级斯塔克效应(简并态微扰方法牛刀小试)

(1) 氢原子能级的简并度是什么?

(2) 什么是氢原子的斯塔克效应? 如何定性地从谱线劈裂理解氢原子能级在电场下的变化?

(3) 根据式(5.3.2)理解电场中微扰对体系对称性的影响。

(4) 为什么外电场对氢原子的作用可以看作对原子能级的微扰?

(5) 根据课本中的求解过程,理解对氢原子 $n = 2$ 能级微扰的求解过程。

(6) 为什么在外电场中氢原子能级的简并度仅仅被部分消除?（对称性并未完全破除）

(7) 根据图 5.2,如何理解处于外电场中氢原子的能级分裂现象和谱线劈裂现象?

(8) 如何理解在外电场中,当 $n = 2$ 时氢原子可以被视为偶极子? 它的偶极矩及取向是什么?

5.5.4　变分法(基态近似求解利器)

(1) 变分方法的基本原理是什么? 如何理解变分参量在变分法中的重要作用?

(2) 变分参量的选取是否会影响求解问题结果的准确性?

5.5.5　(选讲)变分法求解氦原子基态问题

(1) 氦原子体系的哈密顿量具有什么特点?

(2) 在氦原子基态的变分方法求解中,如何选择试探波函数?

(3) 在氦原子基态的变分法求解中,如何根据物理实际选择变分参量?

(4) 如何理解氦原子基态求解的变分法和微扰法结果的准确性差异?

5.5.6 （选讲）含时微扰理论

（1）含时微扰理论方法主要解决哪些方面的问题？

（2）如果哈密顿量中含有时间参量，此时体系是否稳定？

（3）含时微扰方法中，如何理解式（5.6.6）是薛定谔方程的表达形式？

（4）如何理解含时微扰的结果式（5.6.11）～式（5.6.13）？

5.5.7 （选讲）跃迁概率

（1）什么是费米黄金定则？

（2）体系在 $t = 0$ 时刻受到含时微扰时，体系能否一定发生跃迁？

(3) 什么是共振现象？在微观物理中有哪些共振的例子？

(4) 在跃迁过程中,能量是否严格守恒？如何理解这一结果？

(5) 什么是能量时间的不确定关系？它是如何得出的？

(6) 能量时间不确定关系对测量能量具有什么指导意义？

5.5.8　(选讲)光的发射与吸收

(1) 什么是自发跃迁和受激跃迁？

(2) 在光场中,原子发生微扰的机制是什么？其微扰作用大小如何？

(3) 什么是光波场中的偶极跃迁？

(4) 如何根据式(5.8.18)理解可见光区谱线是由原子的自发跃迁产生的?

(5) 随着温度 T 升高,ω_{mk} 如何变化? 太阳环境中,原子跃迁结果与 $T = 300\,\text{K}$ 时是否有不同?

(6) 如何理解某一量子态具有一定的寿命?

(7) ★如何理解光场下原子态的变化?(如太阳光光场对生物、材料中的原子和材料性质的影响)

(8) 微波量子放大器和激光器中工作物质原子体系获得受激发射成立的条件是什么? 实现关键是什么?

5.5.9 (选讲)选择定则

(1) 什么是禁戒跃迁?

（2）根据禁戒跃迁的限制，原子光谱线的选择定则是什么？

（3）什么是严格禁戒跃迁？

5.5.10　章节总结与反思

（1）在应用微扰方法时，应考虑哪些适用条件？

（2）以微扰方法为主题，制作思维导图。

5.6　自旋与全同粒子

通过波函数和薛定谔方程等量子原理的学习，我们已经能够基本了解和解决微观体系的性质。但对于描述微观粒子性质的物理量来说，尚未完全揭示。电子在磁场中的行为揭示了微观粒子所具有的新的自旋特征。自旋的引入，使我们需要引入全同粒子基本原理来深入描写微观粒子体系的性质。学习时请参考以下教学目标：

（1）结合施特恩-盖拉赫实验现象，理解电子自旋所具有的主要特征。

（2）理解电子自旋算符是角动量算符，及电子自旋的量子性质。

（3）理解耦合表象和无耦合表象的构建方法。

（4）结合电子自旋的性质，理解简单塞曼效应和光谱精细结构的物理机制。

（5）理解全同性原理的物理意义，及全同粒子体系波函数的性质。

（6）理解泡利原理对全同费米子体系的限制，并理解两个电子自旋函数的性质。

5.6.1 电子自旋（SG 实验揭开自旋自由度）

（1）微观粒子自旋的现象有哪些？哪些实验证明了电子具有自旋性质？

（2）在施特恩-盖拉赫（SG）实验中，发现了什么实验现象？

（3）施特恩-盖拉赫实验设置的关键是什么？如何根据实验现象解释其物理原因？

（4）什么是光谱线的精细结构？如何解释光谱的精细结构现象？

（5）光谱的精细结构中的谱线劈裂与光谱在电场中的谱线劈裂是否具有相同的原因，为什么？

（6）乌伦贝克和哥德斯密脱（UG）关于电子具有自旋假设的内容是什么？

（7）电子自旋为什么能解释施特恩-盖拉赫的实验现象？

（8）电子的自旋磁矩、自旋角动量，轨道磁矩和轨道角动量分别是什么？

5.6.2　电子的自旋算符和自旋函数（自旋是动量算符）

（1）为什么电子具有自旋角动量的量子特征？它与经典角动量有何不同？

（2）量子力学中，角动量算符的一般特征是什么？

（3）为什么自旋算符是角动量算符？请证明。

（4）自旋角动量分量和自旋角动量平方的本征值是什么？

（5）什么是自旋量子数，其可能取值是什么？

（6）泡利算符与自旋算符有什么关系？

（7）泡利算符分量和平方算符有什么对易关系？

（8）证明泡利算符分量之间满足反对易关系。

（9）什么是旋量？什么是旋量波函数？

（10）基于旋量波函数，推导出自旋角动量分量矩阵，并给出三级矩阵。

（11）旋量波函数 Ψ 中，概率密度如何计算？

（12）如果电子的自旋和轨道角动量之间没有耦合或耦合可以忽略，如何描述体系的波函数？

（13）如何求力学量在旋量波函数态中的期望值？

5.6.3　简单塞曼效应（简单塞曼效应真简单）

（1）参考 5.6.2 问题（12），理解强磁场中为什么描述电子自旋和轨道角动量的波函数相互独立？

（2）引入强外磁场后，原子受磁场影响导致的附加能量包含哪些部分？如何表达该附加能量？

（3）根据式（7.3.3）和式（7.3.4），不存在磁场时，氢原子和碱金属原子的能级分别与哪些量子数有关？

(4) 当有强外磁场时,相对没有外磁场的情况,氢原子和碱金属原子能级与量子数的关系如何变化?

(5) 根据式(7.3.8),结合施特恩-盖拉赫实验的设置特点,说明在该实验中为什么要选择相应的设置,及观察到哪些实验现象?

(6) 根据图7.2,结合电子能级在强磁场中的能级情况,说明从 2p→1s 跃迁的谱分布情况。

(7) 什么是简单塞曼效应? 它的发生条件和关键因素是什么?

(8) 什么是复杂塞曼效应? 它发生的物理原因是什么?

(9) ★为什么在太阳的精细光谱中能观察到钠元素的塞曼效应的光谱劈裂现象?

5.6.4　两个角动量的耦合(耦合角动量是为了寻找合适的表象)

（1）角动量的一般对易关系是什么？

（2）如果两个角动量 J_1 和 J_2 相互独立,证明总角动量 $J = J_1 + J_2$ 满足角动量的一般对易关系。

（3）证明总角动量平方算符 J^2 与总角动量 J 的分量算符 J_i 对易,以及 $[J^2, J] = 0$。

（4）证明 $[J^2, J_1^2] = 0$,以及 $[J^2, J_2^2] = 0$。

（5）证明 J_z 与 J_1^2 和 J_2^2 对易。

（6）为什么要讨论以上角动量算符和其分量的对易关系？

(7) 什么是无耦合表象？组成无耦合表象的力学量和好量子数是什么？它的正交归一完备基矢是什么？

(8) 什么是耦合表象？组成耦合表象的力学量和好量子数是什么？它的正交归一完备基矢是什么？

(9) 在无耦合表象和耦合表象中,哪些力学量矩阵是对角矩阵？

(10) ★是否有力学量在无耦合表象和耦合表象中均为对角矩阵？

(11) 如何将无耦合表象的态和力学量转化为耦合表象的态和力学量？什么是矢量耦合系数？

(12) 如何根据无耦合表象中的磁量子数和轨道量子数获得耦合表象的磁量子数和轨道量子数？

（13）给定量子数 j_1 和 j_2 后，总量子数 j 的范围是什么？（★如何确定总量子数的范围？）

（14）为什么要讨论无耦合表象和耦合表象的变换关系？无耦合表象到耦合表象的变换是否是幺正变换？

5.6.5　光谱的精细结构（耦合表象助力求解）

（1）什么是光谱的精细结构？

（2）氢原子或类氢原子中，考虑电子自旋后，体系能量具有什么特点？

（3）对于类氢原子体系，其无耦合表象的力学量完全集是什么？无耦合表象的基矢是什么？

（4）简述类氢原子在无耦合表象中各力学量的本征值和简并度特点。

（5）对于总角动量 $J = L + S$，有哪些力学量可以构成力学量完全集？它们所构成的耦合表象的基矢是什么？

（6）考虑自旋轨道相互作用后，(类)氢原子体系的哈密顿量发生什么改变？对具有轨道自旋耦合作用项的体系，耦合表象和无耦合表象哪一个研究起来更方便？

（7）如何利用微扰方法求解含 LS 耦合的体系能量等信息？

（8）产生光谱精细结构的原因是什么？

（9）如何用符号表示给定 n、l 量子数后的原子能级？

（10）如何根据图 7.4 解释钠原子 3P 项的精细结构及其成因？

（11）(类)氢原子中，量子数为 n、l、j 能态的能量是什么？

（12）s 态电子的能级谱线是否发生移动,为什么?

（13）★试根据式(7.5.14)讨论如何测量精细结构常数或普朗克常数?

（14）光谱的精细结构和塞曼效应中,光谱发生劈裂的原因是否相同?其异同点主要是什么?

（15）★本教材中能谱或光谱发生劈裂的实验现象都有哪些? 它们产生的原因有什么异同? 系统的能量简并度消除情况如何?

5.6.6　全同粒子的特性(两类重要全同粒子与两个重要统计规律)

（1）什么是全同粒子? 为什么经典物理中没有全同粒子的概念?

（2）经典力学中,如果两个粒子的固有属性完全相同,如何区分二者?

(3) 量子力学中,两个全同粒子能否区分? 如何区分?

(4) 什么是全同性原理?

(5) 全同性原理对微观体系的状态函数提出了什么要求?

(6) 证明多粒子体系的波函数满足交换对称性或交换反对称性。

(7) 为什么全同粒子体系波函数的对称性不随时间改变?

(8) 什么是玻色子? 哪些粒子是玻色子? 它们所组成的系统满足什么统计规律?

(9) 什么是费米子? 哪些粒子是费米子? 它们所组成的系统满足什么统计规律?

（10）玻色子和费米子体系的状态波函数具有什么交换性质？

（11）根据第 116 页占有数表象粒子算符满足的关系，玻色子和费米子的产生和湮灭算符分别满足哪些对易或反对易关系？

5.6.7　全同粒子体系的波函数　泡利原理（全同粒子交换性质）

（1）什么是交换简并性？微观粒子体系为什么具有交换简并性质？

（2）证明在两个粒子所组成的全同体系中，如果两个粒子之间没有相互作用，那么体系具有交换简并性。

（3）全同粒子体系中，若两个粒子处于不同状态时，如何根据单粒子波函数构建满足描写全同粒子体系的波函数？

（4）对玻色子体系和费米子体系，如何根据单粒子波函数构建体系波函数？它们分别具有什么样的交换性质？

(5) 如何根据式(7.7.7)理解两个费米子体系对能级和波函数的要求?(即两费米子体系泡利不相容原理的要求)

(6) 两个全同粒子之间如果存在相互作用,它们是否仍存在交换简并? 为什么?

(7) 当两个全同粒子之间存在相互作用时,如何构建体系的对称化波函数?

(8) 如何将两个全同粒子的能量和对称化波函数推广到 N 粒子体系?

(9) N 个全同粒子组成的体系,玻色子体系和费米子体系的波函数分别是什么?

(10) 什么是泡利不相容原理?

（11）如果不考虑轨道和自旋之间的耦合作用，两个费米子组成体系的反对称化波函数如何构建？

5.6.8　两个电子的自旋函数（两全同电子体系问题的解决）

（1）哪些体系可以视为两电子全同体系？

（2）如果体系的哈密顿量不包含自旋作用，两电子体系的自旋函数是什么？体系的波函数如何构建？

（3）根据式（7.8.6）和式（7.8.7），讨论算符 S^2 和 S_z 的本征值。对应不同的本征值，电子自旋分布如何？

（4）根据图 7.6 及相关知识，说明什么是单态，什么是三重态？

（5）★根据本节例 1，如何解释一维无限深势阱中存在两个电子（电子排斥视为微扰）时，体系的基态和第一激发态的能级及其单态和三重态？

(6) ★自旋相互作用会影响体系的哪些物理性质?

5.6.9 章节总结与反思

(1) 说明简单塞曼效应与 SG 实验之间有哪些异同?

(2) 原子处于电场和磁场中时,光谱的劈裂现象及机制的异同有哪些?

(3) 说明原子光谱的精细结构到超精细结构的物理区别是什么?

(4) 如何根据全同性原理理解全同粒子体系的性质?

(5) 如何判断一个微观全同粒子体系是玻色系统还是费米系统? ★微观粒子的玻色系统和费米系统是否能够发生转化?

5.7　结束语

（1）综合讨论量子力学基本原理之间的相互关系？

（2）简述量子力学基本原理和方法的发展过程是什么？

（3）★对量子力学理论的解释中,目前存在的主要问题是什么？分别形成了什么学派和主要观点？

（4）★目前与量子力学理论解释相关的主要实验是什么,分别获得了什么进展和结论？

参 考 文 献

［1］周世勋. 量子力学教程(第二版)［M］. 北京：高等教育出版社, 2009.

［2］张萍. 基于翻转课堂的同伴教学法：原理·方法·实践［M］. 北京：
人民邮电出版社, 2017.

［3］Mazur E. 同伴教学法——大学物理教学指南［M］. 朱敏, 陈险峰, 译.
北京：机械工业出版社, 2011.

［4］王祖源, 张睿, 张志华. 基于SPOC的大学物理混合式教学设计［M］.
北京：清华大学出版社, 2019.

［5］安宇. 基于SPOC混合式学习模式的大学物理学习指导［M］. 北京：
清华大学出版社, 2018.

［6］中华人民共和国教育部. 教育部关于一流本科课程建设的实施意见
(教高［2019］8号)［EB/OL］. 2019‐10‐30.